青少年自然科普丛书

飞瀑涌泉

方国荣　主编

台海出版社

图书在版编目（CIP）数据

飞瀑涌泉 / 方国荣主编. —北京：台海出版社，
2013. 7
（大自然科普丛书）
ISBN 978-7-5168-0191-8

Ⅰ. ①飞…Ⅲ. ①方…Ⅲ. ①瀑布—世界—青年读物
②瀑布—世界—少年读物 ③泉—世界—青年读物 ④泉—
世界—少年读物 Ⅳ. ①P343.2-49 ②P641.139-49

中国版本图书馆CIP数据核字（2013）第130541号

飞瀑涌泉

主　　编：方国荣

责任编辑：孙铁楠
装帧设计：视界创意　　　　　　　版式设计：钟雪亮
责任校对：向佳鑫　　　　　　　　责任印制：蔡　旭

出版发行：台海出版社
地　　址：北京市朝阳区劲松南路1号，　邮政编码：100021
电　　话：010—64041652（发行，邮购）
传　　真：010—84045799（总编室）
网　　址：www.taimeng.org.cn/thcbs/default.htm
E-mail：thcbs@126.com

经　　销：全国各地新华书店
印　　刷：北京一鑫印务有限公司
本书如有破损、缺页、装订错误，请与本社联系调换

开　　本：710×1000　　1/16
字　　数：173千字　　　　　　　印　　张：11
版　　次：2013年7月第1版　　　印　　次：2021年6月第3次印刷
书　　号：ISBN 978-7-5168-0191-8

定价：28.00元

目录 MU LU

青少年百科科普丛书

飞瀑涌泉

qingshaonianzerankepuconshu

我们只有一个地球

方国荣

巨人安泰是古希腊神话中一个战无不胜的英雄，他是人类征服自然的力量象征。

然而，作为海神波塞冬和地神盖娅的儿子，安泰战无不胜的秘诀在于：只要他不离开大地——母亲，他就能汲取无尽的能量而所向无敌。

安泰的秘密被另一位英雄赫拉克勒斯察觉了。赫拉克勒斯将他举离地面时，安泰失去了母亲的庇护，立刻变得软弱无力，最终走向失败和灭亡。

安泰是人类的象征，地球是母亲的象征。人类离不开地球，就如鱼儿离不开水一样。

人类所生存的地球，是由土地、空气、水、动植物和微生物组成的自然世界。这个世界比人类出现要早几十亿年，人类后来成为其中的一个组成部分；并通过文明进程征服了自然世界，成为自然的主人。

近代工业化创造了人类的高度物质文明。然而，安泰的悲剧又出现了：工业污染，动物濒灭，森林砍伐，水土流失，人口倍增，资源贫竭，粮食危机……地球母亲不堪重负，人类的生存环境遭到人类自身严重的破坏。

人类曾努力依靠文明来摆脱对地球母亲的依赖。人造卫星、航天飞机上天，使向月亮和其他星球"移民"成为可能；对宇宙的探索和征服使人类能够寻找除地球以外的生存空间，几千年的神话开始走向现实。

然而，对于广袤无际的宇宙和大自然来说，智慧的人类家族仍然是幼稚的——人类五千年的文明成果对宇宙时空来说只是沧海一粟。任何成功的旅程都始于足下——人类仍然无法脱离大地母亲的庇护。

美国科学家通过"生物圈二号"的实验企图建立起一个模拟地球生态的人工生物圈，使脱离地球后的人类能到宇宙中去生存。然而，美好理想失败了，就目前的人类科技而言，地球生物圈无法人工再造。

英雄失败后最大的收获是"反思"。舍近求远不是唯一的出路，我们何不珍惜我们现在的生存空间，爱我地球、爱我母亲、爱我大自然，使她变得更美丽呢？

这使人类更清晰地认识到：人类虽然主宰着地球，同时更依赖着地球与地球万物的共存；如果人类破坏了大自然的生态平衡，将会受到大自然的惩罚。

青少年是明天的主人、世界的主人，21世纪是科学、文明、人与自然取得和谐平衡的世纪。保护自然、保护环境、保护人类家园是每个青少年义不容辞的职责。

"青少年自然科普丛书"是一套引人入胜的自然百科和环境保护读物，融知识性和趣味性于一炉。你将随着这套丛书遨游太空和地球，遨游海洋和山川，遨游动物天地和植物世界；大至无际的天体，小至微观的细菌——使你从中学到丰富的自然常识、生态环境知识；使你了解人与自然的关系，建立起环境保护的意识，从而激发起你对大自然、对人类本身的进一步关心。

◎漫谈瀑与泉◎

　　飞流而下的瀑布，是水的飞翔，水的奔跑，是地心引力造就"水运动"的壮丽景观。

　　喷涌而出的泉水，是水的舞蹈，水的奔放，是水摆脱地壳压力和地心引力的美丽企图……

瀑布的成因

中国幅员辽阔，江河众多，有着大量风光奇秀和壮美无比的瀑布。

众多的瀑布，千姿百态，有着不同的成因，导致不同的类型，形成不同的景观。多了解一些瀑布的基本知识，在观赏瀑布时，定能从中获得最佳的观瀑效果。

瀑布是水体从悬崖或陡坡上倾泻下来形成的水体景观。或者说是河流纵断面上突然产生波折而跌落的水流。瀑布所在的位置，其上下河床高度具有较大的差异，故在地学上，瀑布往往是裂点位置的所在。

观赏一个个不同地区的瀑布，可以看出它们的景观，既有相似之处，又有不同的地方。自然界中的瀑布景观，千变万化，形态不一。有的如江海倾翻，直落而下，气势磅礴；有的瀑布绿树掩映，幽深清秀，景色妩媚秀丽；有的瀑布则悬挂崖前，如珠帘垂落；有的瀑布则层层叠叠，聚而复散，姿态多变；有的瀑布则从洞中飞泻而下，如"银河倒泻入冰壶"，其景真是美妙无比。

那么如此多姿多彩的瀑布景观究竟是怎样形成的呢？

从地貌学的角度来分析，地表上任何一种地貌单元，均是地球的内营力和外营力相互作用的产物。瀑布，作为一个以水体为主的地貌单元，亦不例外。内、外营力又称内力和外力，是地貌学中的两个基本概念。所谓内营力，主要是指地球深部物质运动引起的地壳构造运动和岩浆活动。地壳运动又有水平运动和垂直运动之分，岩浆活动则往往形成了各种火山地貌。所谓外营力，指的是起源于太阳能和重力能影响所产生的冰川、水流波浪和风力等的作用，其地质意义都可归结为剥蚀作用、搬运作用和堆积作用三种。内、外营力的相互作用，是形成各种各样瀑布的主要动力。

在瀑布的形成过程中，内营力起着重大的作用。由水平运动或垂直运动造成的断层或裂谷，为瀑布的形成提供了必要的条件，此时若有溪流或

3

江河流经断层或裂谷，则可形成瀑布。如著名的黄河壶口瀑布，就是这样形成的。多次的垂直运动，有时还可造成多级瀑布。

另一种能够形成瀑布的内营力，是火山爆发过程中，熔岩的漫溢将河道阻塞，而使得原来的河床上形成一个新生的岩坎，河水由岩坎上翻落跌下，形成瀑布。位于黑龙江宁安县境内的吊水楼瀑布，也称镜泊湖瀑布就是这样形成的。大约在距今4700年至8300年前，镜泊湖尚未形成，那时发生了5次强烈的火山活动，火山口喷出来的熔岩漫地溢泻，势不可挡，硬把流经两峰之间的牡丹江水高高拦起，形成了熔岩堰塞湖——镜泊湖。江水亦不甘示弱，在熔岩较少的断缝裂隙夺路冲出，天长日久，竟将坚硬的玄武岩熔岩冲击成一个深约70米，直径50余米的壶穴，在上游水量较丰时，则形成了巨大跌水，产生了吊水楼瀑布的奇壮景观。

除内营力之外，外营力亦是形成瀑布的另一种主要动力。大多数瀑布的形成，并不一定发生在断层或裂谷之上，亦无熔岩的阻塞，而是由于河流本身的发育，演变过程中所产生的。这种情况下，水流对河床的侵蚀作用显得十分重要，当河流流经不同岩性地区时，当两条河流的侵蚀能力不一致时，当河流流经喀斯特地区对可溶性的碳酸盐岩产生侵蚀、溶蚀时，以及冰川、泥石流等等外营力的作用，均可以形成不同的瀑布景观。

形成瀑布的第三种原因，是由于河流的侵袭而造成的。所渭河流侵袭，指的是处于分水岭两侧的两条河流，其中力量较强、侵蚀较深的河流进行下切侵蚀，切割分水岭后，即将另一侧那条河流的一部分侵袭过来，使被侵袭的那条河，最终成为侵袭河的一条支流。由于侵袭河的下切程度

大，河床高程低于被侵袭河流的河床，因此，在被侵袭河流汇入侵袭河时，往往产生跌水，形成侵袭瀑布，或称悬河瀑布。位于黄果树大瀑布西侧、灞陵河西岸的滴水滩瀑布，就是典型的悬河瀑布。

形成瀑布的第四种重要原因，是由于河流流经两种不同性质的岩层，对不同岩层的差异侵蚀所造成的。在硬软不同的两种岩层中，其抗冲强度不一致，使河流对其中较软的岩层产生较大的冲蚀，形成深潭；而较硬的岩层在同样的水流冲蚀力下，并没有被冲蚀下切多少，这样，便造成了河道内的岩坎和深潭，使河流产生跌水，并且进一步使深潭加深，因为岩坎一旦产生后，增加了水流的势能，跌落过程中又转化为动能，对岩坎下深潭的冲击力便增加了。这样，深潭逐渐加深，水流的冲蚀力又随之逐渐加强，形成了一种正反馈，最终使低矮的跌水，变成雄壮的瀑布。这种正、负反馈的互相作用，便是瀑布的演化过程。可见，瀑布的发育、演化，是完全取决于正、负反馈的互相作用情况了。这是瀑布成因中最为常见的一种，许多瀑布均是由这种方式形成的。

形成瀑布的动力若不仅只有水流的冲蚀，而且还有水流的溶蚀作用的话，则往往形成喀斯特瀑布。因为它们发育于可溶性的碳酸盐岩地区，这就是瀑布的第五种成因了。在我国众多的瀑布中，喀斯特瀑布占有重要的独特位置，它们是一种既有地表瀑布，又有地下瀑布的独特瀑布或瀑布群。如众所周知的中国最为著名的黄果树瀑布，就是喀斯特瀑布中的佼佼者。黄果树瀑布的形成过程，一般认为与白水河河床及瀑布下落水洞的演化有着密切的关系。在第三纪晚期，现在黄果树瀑布的前端，曾发育落水洞，当时黄果树瀑布尚未形成，而是地下伏流的形成跌入落水洞内。随着几百万年的冲蚀和溶蚀、黄果树伏流亦随着落水洞的坍塌，而出露地面成为瀑布，而后又堆积大量的钙质，水流亦产生分支，黄果树瀑布终于渐渐发育成目前的形态。

喀斯特瀑布之中还有更为独特的一种瀑布，它并不露在地表之上，而是深藏在洞穴之内，称为暗瀑。如贵洲安顺龙宫的龙门飞瀑和浙江金华冰壶洞中的冰壶暗瀑等等，均是我国著名的喀斯特暗瀑。龙门飞瀑水量大，落差高，宽约25米，高差达33米，是我国目前已发现的较大的喀斯特暗瀑。从龙门前走过，只听见水声轰轰若雷鸣，烟雾茫茫如仙境，气势十分磅礴。

瀑布的第六种成因是由于冰川的刨蚀作用形成的。如果这种瀑布出现在现代冰川地貌中，则由于气候寒冷，以"冰瀑"的形式存在着，然而，当这种瀑布出现在古冰川地貌中时，就有可能发育成瀑布。如庐山的王家坡瀑布，就是在庐山古代王家坡冰川之中形成的。

另外，还有一些地区，由于山崩或泥石流等阻塞了河流的通过，使河床之上突然堆积成一个拦水坝的石坎，从石坎上跌落时，便产生了瀑布。显然，这并不是较为常见的一种瀑布。

另一种游人极少会见到的是海底瀑布。这种海底瀑布是由于海底地形的起伏造成的，巨量的海水突然跌入海底峡谷之中，便可产生这种瀑布。目前世界上最大的海底瀑布是澳大利亚和塔斯马尼亚岛之间巴斯海峡海底的一条瀑布，此瀑宽达150公里，高达400米，是一条十分壮观的海底瀑布。

多姿多彩的瀑布

壮丽的瀑布多姿多彩，那么大自然中究竟有多少种瀑布呢？大致又可归纳成几类呢？

划分瀑布的类型，可以有多种不同的方法。譬如，按照瀑布水流量的多少，可将瀑布划分成这样三类：一是常年型瀑布。此类瀑布由于上游河流来水量丰富而且稳定，一年四季均有瀑布发育，冬季不断流，亦不封冻；二是季节型瀑布，此类瀑布并不是一年四季均有跌水，而是枯季时断流，瀑布消失，或冬季河床封冻，崖壁上原来的跌水被封冻起来，瀑布亦成为"冰瀑"而无跌水了；三是偶发性瀑布，此类瀑布，平时并不能见到，但到了一定时候，如大雨刚过，雨水瞬间汇成一股水流，从悬崖上跌落而下。由于这种瀑布只在某些特殊的条件下发生，过后便转眼消失，故称偶发性瀑布。

瀑布的分类还可依据瀑布的级数，即跌水的次数来分。此时，便可分成下面三类：

第一类是单级型瀑布：即整个瀑布只有一次跌水，上面为河流，下面有深潭，显然，这种瀑布在自然界中最为常见，我国的极大部分瀑布亦属此类。较著名的如黄果树瀑布、长白山瀑布、壶口瀑布、吊水楼瀑布等，均属此类单级型瀑布。

第二类是多级型瀑布：即由两次或两次以上跌水组成的瀑布，一般两级跌水之间的距离不能很远，否则，就当成两个单级型瀑布来看待。多级型瀑布在我国也有一定数量，如黄果树瀑布群中的天生桥瀑布、浙江省莫干山的剑池飞瀑，便是由两次跌水而成，故为两级型瀑布；江西庐山三叠泉瀑布、浙江雁荡山三折瀑，均有三次跌水，属三级型瀑布；浙江天台山之石梁飞瀑，四激四跌，为四级型瀑布；云南罗平瀑布有五层跌水，是一个五级型瀑布；贵州黄果树瀑布群中的关岭大瀑布，由七次跌水组成一个总落差400多米的七级型瀑布；福建九鲤湖瀑布，是一个著名的九级型瀑布。

上述分类法均无法反映各个瀑布的某些综合特征，而只能反映出瀑布的某个特性。因此，从瀑布的本质性特征，以及发生学角度出发，可将瀑布分为以下几类，是较为科学的，并能充分体现出瀑布的旅游景观特色。

断层瀑布：此类瀑布由地壳构造运动形成的断层所造成的。如黄河壶口瀑布等。当多级断层以地堑或地垒的形式出现时，则可形成多级瀑布。

堰塞瀑布：此类瀑布通常由火山喷发出来的熔岩漫溢，阻塞了河道，造成了原来河流在熔岩陡坎上产生出跌水，形成瀑布。如黑龙江境内的吊水楼瀑布，就属于堰塞瀑布。当然，由山崩滑坡、泥石流等阻塞河道而形成的瀑布，亦属此类之内。

袭夺瀑布：此类瀑布由河流袭夺而造成。被袭夺的河流由于高于袭夺河的谷底，而跌落下来，形成袭夺瀑布。如黄果树瀑布群中的滴水滩瀑布、蜘蛛洞瀑布和绿湄瀑布等。

差异侵蚀瀑布：当两种不同抗冲能力的岩层在一起，并同时受到一条河流的冲蚀，则会产生差异侵蚀瀑布，可以说，在没有断层、袭夺或堰塞的情况下，大多数瀑布是由差异侵蚀造成的。

喀斯特瀑布：喀斯特瀑布，亦可以在断层或两种硬软岩层的交接地带形成，只是其形成动力不仅仅限于河流的冲蚀作用，还兼有水流对可溶性的碳酸盐岩类的溶蚀作用。除此之外，喀斯特瀑布往往由落水洞坍塌或钙华层的不断堆积，河道中出现天然坝等等因素形成。当然，落水洞还没有坍塌时，瀑布发育在洞内，则形成喀斯特暗瀑。

悬谷瀑布：此类瀑面往往以古冰斗为积水潭，再经由冰斗边缘的陡坎，夺路飞泻跌落而成。一般这种古冰斗，现在已没有任何冰川的活动。

实际上，瀑布的成因亦并非仅仅是由单一因素形成的，许多瀑布的形成，既有差异侵蚀的影响，亦有断层或河流袭夺等其他因素的影响，遇到这种情况，划分瀑布的类型，只能依据其最主要的成因而定了。

我国地势大致自西向东倾斜，造成我国境内的大多数河流，均是由西向东流去。山地和高原的面积，占了国土总面积的60%以上，高原山地中镶嵌有平原和盆地，平原之上又点缀着丘陵山峰，使得我国的地形呈现十分复杂的格局。

我国东临世界最大的海洋——太平洋，西部又接壤于世界最大的大陆——欧亚大陆的中心地带，气候受到海陆位置分布的深刻影响。降水量在季风气候的控制下，由南向北，由东向西渐渐减少，因此，在我国众多的河流中，有5万多条河流的流域面积在100公里以上，而东南丘陵一带就占了相当的比例。

瀑布的分布，与上述两个因素有着十分密切的关系。瀑布形成的条件，要求地势起伏较强烈，且有充沛的雨水，以发育成河流，河流流经复杂的地形区域时，产生瀑布的可能性一般就比较大。因此，我国瀑布大多分布在秦岭、淮河以南的山地丘陵地带，尤其集中在浙、闽、粤、台等东南丘陵区域。云贵高原和广西山区等喀斯特地区以及四川盆地与其四周山地交接地带，这些地区或受东南季风，或受西南季风的影响，降水量特别丰沛，地形复杂多变，喀斯特广泛出露，故对瀑布的形成创造了十分有利的条件。东北地区，山高水长，且火山活动频繁，故是我国火山熔岩堰塞瀑布的主要分布区。

我国喀斯特地区，还发育一种奇特的地下瀑布——暗瀑。它们主要分布在江浙局部地区和广西、贵州、云南等省区。如浙江金华的冰壶暗瀑、贵州安顺的龙门地下飞瀑、贵州瓮安县的穿洞河瀑布。在广西南丹县的拉友地下河中，有一个高约20余米，最大流量为36立方米的暗瀑；都安瑶族自治县和宜山县，在地下20米至100余米的地层中，也有形成于暗河内的暗瀑多处。

瀑布有很多的利用价值，首先是观赏价值，一座山，纵然奇峰怪石，形势险峻，但若没有水，尤其是没有瀑布在其山涧奔流歌唱，那么，这座山给人的印象，不免是缺少生机，没有活力的。水是山的血脉，山有了流泉飞瀑，方显得千姿百态，有声有色。

瀑布的第二个价值是用来水力发电，许多瀑布不仅水量丰沛，落差亦很大，因此，瀑布从高处跌落下来的时候，就是将巨大的势能转化成动能的过程。这一过程中瀑布释放出大量的能量，若利用这些能量来推动水轮发电机，就可能产生巨量的电能。因此，在世界各地的许多大瀑布上，已经修建了水电站，造福于人类。

在更多的情况下，瀑布的开发利用是多方面的。既可以在瀑布上面建造水力发电站，水电站上游蓄水的水库可用来养殖鱼虾及供游人游泳划船等。又可以把瀑布当作一个旅游景观。在不同角度观赏瀑布，甚至由于有了水电站的人为控制，还可以使瀑布的水量在短期内，出现多种不同的水流量，相当于游人在一日之内，便可领略瀑布的四季变化的风采。

尼亚加拉瀑布位于美国和加拿大之间，这个世界著名的大瀑布，落差达51米，下跌水流量为6740个秒立方米，两国既用它来发电，又用它来发展旅游事业。区内设有各种旅游观光设施。白天游人可以登上摩天大楼或凭借栈道、吊车及乘坐游艇等，从各个不同的角度俯、平、仰、侧观赏大瀑布的整体及细部；夜晚又可以在瀑布发电站所发出的电的照明下，尽情领略五光十色的瀑布夜景，仰望满天星辰、耿耿银河，再听大瀑布震天撼地般的阵阵轰声，给人一种神奇难忘的享受。尼亚加拉大瀑布，不仅吸引着加拿大和美国人前去观赏，也是世界各地游人十分喜爱的旅游名瀑。

瀑布的自然景观

瀑布景观，主要由自然景观和人文景观组成，这里谈的主要是自然景观。

瀑布的自然景观主要从两个方面得到反映：一个是瀑布本身的造型是否符合一般的审美要求；另一个是瀑布四周环境的自然旅游景观是否优美，它与瀑布相伴生在一起，是给瀑布增添了景色，还是适得其反。

游人观赏一个瀑布的风景，其造型如何，给游人的印象大概是最直接的。一个瀑布的水流量多少以及本身的高宽如何，基本决定了这个瀑布的气势。

当瀑布的水量非常充沛时，即使落差和宽度并不十分大，亦可使得瀑布具有非凡的恢宏气势。如黄河壶口瀑布，其宽不过30～50米，落差不过20余米，在我国众多的瀑布中，绝对算不上是高大宽阔的瀑布。然而，壶口瀑布位于黄河主流之上，上游巨量的来水，到此地猛然收缩而跌入深槽，其瀑布的水流量十分巨大，远非我国其它的瀑布，包括著名的黄果树瀑布所能比拟。因此，仅就瀑布水流量而言，黄河壶口瀑布正是以其巨大的水流量，显示出磅礴的气势，博得了广大游人的赞赏。

而当一个瀑布的水流量不很充沛，而其高度或宽度较大时，亦可显出非凡的气势。雁荡山的大龙湫瀑布，就是以其190米的落差，赢得了雁荡第一瀑的美名。大龙湫瀑布实际上宽度甚小，平时水流量亦不多，只因高度非一般瀑布所能及，故水流跌落下来，形成"五丈以上尚是水，十丈以下全是烟"的壮丽而奇特的景色。

有时，一个瀑布的高度并不大，水流量亦属中等，而瀑布的宽度甚大时，亦可形成雄壮的气势。位于黄果树上游1公里处的陡坡塘瀑布，便是这样一例。陡坡塘瀑布水流量约每秒16立方米，高度不过20余米，然而，瀑面宽达100多米，大概可算我国瀑布中最宽的瀑布了。由于巨宽的瀑面，加上多姿多彩的瀑布水流漫倾下来，形成其它瀑布较为罕见的磅礴气势。

当然，要是水量、高宽均比较大时，则瀑布的气势最为雄壮。就拿我国最著名的黄果树瀑布来说，若就某一个单独指标而言，黄果树瀑布并不占明显优势。然而黄果树瀑布在这三方面都达到相当的程度，并且使得三者十分谐调地组合在一起。黄果树瀑布高达70余米，宽约80余米，水流量约每秒16立方米，瀑布又被"中剑三门"，无论瀑布整体的造型，还是瀑水的流动姿态，均达到至美的程度。所以黄果树瀑布被誉为世界上最壮观最优美的喀斯特瀑布。

瀑布本身的自然景观，还包括瀑布水流流态的优美多变，有些瀑布，像万匹奔马，一股巨流翻滚咆哮，直泻而下；有些瀑布，若一幕垂帘，万串明珠，银光闪闪，飘然挂落；有些瀑布，如鲛绡素绢，悬挂危崖，摧珠崩玉，翻崖飞下；还有些瀑布，似银河天降，大海决口，天山雪崩，飞流直下。如此等等，形成不同特色的瀑布景观。

瀑布水流形态最为优美，亦最为奇特的，要数黄果树瀑布群中的银链坠潭瀑布了。瀑面由石灰华堆积而成，其形状像一把张开的扇子，扇面上有鱼鳞状的微小起伏，上游溪水至此，漫扇面而流下，形成银链坠潭瀑布。那水流漫流在石灰华上，恰似孔雀开屏，光彩照人；又若新娘面纱，轻盈透明。阳光下，闪烁着耀眼的银光，游人至此，无不叹为观止。

瀑布本身的自然景观，在很多情况下，与瀑布具有层层迭迭的多次跌水分不开的。三迭泉瀑布，能被推为匡庐瀑布之首，是与其三层相继跌落的瀑布，共同形成一个三级瀑布的雄奇景观有直接关系的。雁荡山三折瀑之美，也在于瀑布由三折而成；天台山之石梁飞瀑，四跌四激；台湾嘉义桃源瀑布，五次跌落；黄果树瀑布群中的关岭大瀑布，七跌七激；福建九鲤湖瀑布九次跌落。这些瀑布的景观之美，不仅与其每级瀑布的造型有关，更重要的是因为它们具有一般瀑布所没有的多次跌水。这种多级型瀑布，在我国瀑布的自然旅游景观中，总是可以获得较高的评价的。

一个瀑布的景观，往往还与其水质有一定的关系。四川峨眉山中的清泉溪瀑，水质清澈洁净，其味甘甜可口，不少游人拿着水壶茶杯装灌着，以备途中解渴。

有的瀑布之下的碧潭，潭水碧清，亦成为许多游人理想的天然游泳池，譬如庐山王家坡双瀑下的碧龙潭，广东肇庆鼎湖山飞水潭瀑布下的飞水潭等等，都是游人皆知的天然游泳池。游人至此，既可以在潭中畅游一番，又可以仰观瀑布英姿，尽情地嬉戏观赏，获得双重的美感。

一个瀑布本身的造型，往往在瀑布的自然旅游景观中占有相当比重，而与瀑布相伴生的一些组合形态，有时亦能给瀑布增添一些奇景。其中最典型的就是瀑后水帘洞，这种水帘洞在我国瀑布中为数并不少：如河南桐柏县的水帘洞、贵州黄果树瀑布后面的水帘洞以及在浙江天台山、江苏花果山、湖北神农架、福建武夷山等等，均有水帘洞。

瀑布从洞前像一幕水晶珠帘般地垂挂下来，遮掩着洞口，使洞内或洞口之景若隐若现，更增添其神奇色彩。

与瀑布相伴生的另一种现象，是瀑下的霓虹。在大多数水量较丰，落差亦较大的瀑布下面，水流轰击会产生大片的水雾雨烟，此时只要有阳光直接照射，霓虹就会形成。霓虹隐现与阳光的照射角度有关，因此不同时候瀑布前面霓虹的位置是不一样的。如黄果树瀑布，在上午时，瀑前霓虹偏于左侧。而当太阳西斜下时，霓虹又出现在右侧。当然，游人若移动观赏位置，改变了角度，霓虹亦会有所变化的。

瀑布周围的自然景观，直接地影响到一个瀑布的旅游观光价值。由于我国目前的经济发展水平所决定，大多数瀑布周围的自然环境的景观并不理想，只有在少数自然保护区、名山或人迹稀少的原始地带，瀑布周围的景观破坏较少。如享有"南国瀑布之乡"盛誉的花坪瀑布群。就因为花坪自然保护区内绿树参天，古木蔽日，奇花异草争奇斗艳，飞禽走兽出没其间；再观高山环峙，深谷幽静，此时瀑泉争流之声，悠悠传来，让人体会到一种高山流水的诗情画意。此外，如峨眉幽秀、黄山奇峰、匡庐云雾、九寨碧海、莫干翠竹，均为那里的瀑布增添了无限风采。

有些瀑布的上游是一个火山喷发或其它原因造成的堰塞湖，瀑布是湖边的一个缺口，湖水沿缺口而跌落形成了瀑布。此时，湖瀑之景往往是一静一动，相映成趣。最典型的例子是黑龙江省的镜泊湖和吊水楼瀑布，吊水楼瀑布的气势是磅礴的，它像两条巨大的玉龙，翻崖入潭，吐雾喷云，而在吊水楼瀑布上游的镜泊湖，恰与瀑布声音如雷，翻腾似龙的景色相反，显得格外宁静柔美；若称吊水楼瀑布像一匹脱缰的野马的话，那么，镜泊湖则宛若一个妩媚深情的姑娘。正是这种柔美气氛的烘托相衬，吊水楼瀑布才更显得壮观无比。

还有一种瀑布则是从岩洞中冲出，它宛若一条出洞巨蟒，势不可挡。黄果树瀑布群中的蜘蛛洞瀑布便是这样的一个奇特瀑布。如果瀑布没有露出地面，而是深藏在岩洞之中，则称为暗瀑，其中最著名的是浙江金华冰壶暗瀑和贵州安顺龙门地下飞瀑。

最为奇特的瀑布，大概要数贵洲的穿洞河瀑布。这个穿洞河，是一个从河床之下横穿河道的溶洞，溶洞之内有几个漏水之处，就形成了"河下暗瀑"，这就是穿洞河瀑布。穿洞河瀑布宽达50余米，高约10米，其间由巨大的石幔隔开，形成三个天然的水帘洞，这穿洞本身亦是时宽时窄，弯弯曲曲，洞内景色尚佳。当游人看到一列长长的队伍，从穿洞的一岸进入，然后又从河的另一岸悠悠然地走了出来，此刻，才更能领略到穿河洞的奇妙之处。

瀑布景观，作为自然界最佳的风景之一，历来是游客文人的吟颂对象。诗人们为瀑布那江海倒悬的磅礴气势所折服，又为瀑布那婀娜多姿的飘逸神态所倾倒。著名诗人李白笔下的瀑布，气势磅礴，神韵万千："飞流直下三千尺，疑是银河落九天"；"百丈素崖裂，四山丹壁山。龙潭中喷射，昼夜生风雷"等等，把不同的瀑布各种风姿描写得淋漓尽致，有声有色，使人陶醉，引出无穷无尽的遐想。

泉水是怎样形成的

涓涓清泉，晶莹可爱。它不仅是理想的水源，同时还美化大地。水量丰富、水质良好的泉，常被酿酒行业所采用，佳酿美酒离不开名泉。含有某种气体、离子或具有一定温度的泉水，对一些疾病还有神奇的医疗作用。

泉水活动于地下，出露于地表，因此泉是地下水的天然露头，那么活动于地下的水又是如何形成的呢？为什么总流不完呢？

原来自然界中的水自地球分离出来后，就以气态、液态和固态等形式存在于天空、地表及地下，分别称之为大气水、地表水和地下水。随着温度和压力诸条件的改变，水会发生固态、液态、气态相互间的转化，在太阳辐射热作用下，水自江河湖海的水面、岩石土壤的表面和植物的叶面，不断地由液态转变为人眼不易觉察的水汽进入大气，这就是蒸发过程。蒸发形成的水汽，徐徐上升到天空，地表温度较高富含水汽的空气在上升过程中，随着与地面距离增加，气温不断下降，其中水蒸气就凝结出小水滴、小冰晶，形成云雾，在适当的条件下，这些小水滴或冰晶相碰撞，结合成大水滴或大冰晶，在重力驱使下，迅速降落。降落途中，如遇到热空气上升，冰晶能变成水滴，又可能会部分或全部变为蒸气。而降落到地球表面的水滴或者冰晶，就是我们见到的雨或雪，称为大气降水。

大气降水降落到地表以后，一部分以地表径流形式，顺着无数条细小的沟溪从高处向低处流动，汇入江河，注入海洋；一部分就地蒸发，返回大气中，可再次形成降水；还有一部分渗入地下，存在于土壤或岩石的空隙中，成为地下水。地下水中部分留在表层的土壤里，或被蒸发，或被植物吸收后而蒸腾返回大气；部分以地下径流形式，或直接排入地表的江河湖海里，或在流动过程中遇到地形低凹处及地面裂缝等以泉的形式出现，转变为地表水，再度汇入沟溪江河，归入湖海。这些汇入海洋或直接下落于海洋的大气降水，又会再度蒸发，周而复始。大气水、地表水、地下水这样不停地相互转化，不断迁徙，成为一个自然界水体的大循环。而把海洋内部和陆地内部自身的循环称为小循环。正是自然界的水循环作用，使地下水成为一种能经常得到补偿的资源，泉口才能源源不断地向外涌水。

江河溪流同样也是因地下水和大气降水的不断补给，才昼夜不息，世代奔流；海洋水也不断变为气体，所以尽管无数条江河千年的注入，都不满不溢，并且提供了形成大气降水水汽的主要来源。

大气降水渗入作用使地下水得到补给，从高水位向低水位流动，然后在适当的地点涌出地表成为泉。在山地区域，经常会见到岩石裂缝中有水滴出、流出，有的沿岩层层面流出，有的沿裂隙流出，这就是裂隙或称泉水。

地下水资源多少，不单单只看岩石的空隙条件，还要看岩石空隙的大小及其连通状况，岩石的透水能力等状况。另外，决定地下水的储存与流出状况的是相应的地质构造和地貌等条件。地表疏松堆积的土壤和裂隙广布的岩石，使无孔不入的大气降水就乘虚而入，由这种渗入作用而形成的地下水叫渗入水。这种水只能供土壤中的微生物的生长使用，只有渗入到较大的土壤孔隙或岩石裂隙中的大气降水，才能在重力作用下，自由地向土壤、岩石深处运动，充满于空隙中，这种水称为重力水，也就是我们平时看到的井水、泉水等。

水文地质学上，将重力水能通过的地层称透水层，重力水不能通过的地层叫隔水层，透水层被重力水饱和后就是我们常称的含水层。

自然界中含水层和隔水层有多种组合形式，又常常互相叠置、相间分布。根据地下水埋藏形式不同，将其区分为上层滞水、潜水和承压水。潜水面的坡度一般小于地表的坡度，在地形低凹处与地表面相交，地下水出露地表形成潜水泉。地下水均是自上而下流出地表，称为下降泉。

承压水形成的泉，水自下而上运动，称为上升泉。上层滞水和潜水由于埋藏较浅，其丰富程度与气候条件息息相关，涌水量很不稳定，甚至旱季断流，销声匿迹。上层滞水泉常常是季节性泉。

大气降水或地表河水能够渗入地下，经过一段时间流动后，在适宜的部位出露地表形成泉。这类泉的涌水量明显地受地质、地貌条件控制。这是因为地质、地貌条件决定着地表水的汇集、径流和渗入作用，进而影响着埋藏于表层的地下水的丰富程度及泉水的涌出量。如坡面缓倾，地形平坦，植被茂密，相对位置较低的盆地、凹地及沟谷低地，地下水丰富，"三面环山中间低，水流都在盆地里"。反之，透水性差的红粘土区，黄土丘陵区或沟谷切割深度大，密度高的基岩山区，大气降水多以地表径流方式排泄掉，渗入补给地下水的量很少，地下水相对贫乏。

从山区到平原，两者之间在地貌上常常有一个规模不等的过渡带，在这个地带内接受山区带来的大量的碎屑物质堆积，形成洪积——冲积扇。山前洪积物以沙砾、砾石为主，透水性极强，不仅可接受山区下泄的地下径流，而且能吸收大气降水以及来自山区的地表径流，成为山前地带地下水的主要补给区。杭州西湖三大名泉之一的玉泉水的由来，正是由于当大气降水和地表溪流，从北高峰、飞来峰、月桂峰以及桃源岭、灵峰等三面向玉泉汇流，到达山坡和平缓丘岗地交界处时，遇到洪积扇顶部粗大的碎屑物质，大部分地表水便渗透到洪积扇的堆积层中，变成地下水，源源不断地流向玉泉。由于山前洪积物厚度大，径流条件好，埋藏较深，受蒸发作用损失的水分不多，从而形成丰富的地下水储存带。如黄河流出禹门口形成百余平方公里的冲积扇，附近井深50多米，沙石层厚40米，单井出水量高达每昼夜5000多吨。新疆干旱地区的绿洲，几千年来，劳动人民利用山前洪积扇地下水，创造性地修建了引水工程——坎儿井，把径流带潜水引入潜水下沉带进行灌溉。

地下水除主要来自大气降水补给外，还有小部分是当大气中水汽压大于土壤中的水汽压时，大气中的水汽可进入土壤及其他松散堆积物中，在温度降低到零点时便凝结成水。这部分水尽管甚少，但在降水极少，地表温度昼夜变化急剧的干旱沙漠区，水蒸气的凝结作用在经常进行着，凝结水是干旱沙漠区地下水的主要补给来源。

山地是近期或地质历史上长期隆起的结果，它多少经过变动，岩石裸露，经受风化、侵蚀破坏，有利于地下水通道的形成，以接受大气降水的补给。但山地情况是复杂的。事实上，有的山区地下水资源丰富，有的则不然。如位于东岳泰山玉皇顶西南侧碧霞祠后的天井泉，所在的地形条件很差，方圆数百公里内四周皆悬崖峭壁，利于大气降水地表流失，而不利于降水的下渗，尽管泰山年降雨量达1000余毫米，但大气降水渗入补给地下水的条件极差。那么，天井泉水是从哪里来的呢？

泰山是在地势低下的平原和丘陵区兀然拔起的一座山岭，山下的空气温度高，包含着相当丰富的水蒸气；山上空气温度低，气压也没有山下高。当山下温暖湿润的空气沿山坡上升时，随着气温下降，水蒸气不断凝结成云雾，除呈现出苍苍缥渺、无边无际的云海奇景之外，水蒸气还会自大气层不断地进入山顶岩石裂隙中。每当夜晚时，天井泉周围的岩石温度低于饱和云雾的空气温度时，水蒸气逐渐凝结成较大的水滴，这些水滴顺岩石裂隙向下渗流，使地下水经常得到补充，成为天井泉之水的主要来源。

怪不得人们历来把山与水紧紧连在一起，真是有山必有水，原来天公就是这样将天水布施到人间的。

四个"天下第一泉"

在中国被称为"天下第一泉"的有四个：即庐山的谷帘泉、镇江的中冷泉、北京西郊的玉泉以及济南的趵突泉。

称为天下第一泉的谷帘泉，坐落在庐山主峰大汉阳峰南面康王谷中。唐代名人陆羽（公元733～804年），著有世界第一部研究茶叶的专著《茶经》，他精于嗜茶，被誉为茶神。陆羽对泡茶的水很有研究。他遍游祖国的名山大川，品尝各地的碧水清泉，按冲出茶水的美味程度，将泉水排了名次，确认庐山的谷帘泉为"天下第一泉"，江苏无锡的惠山泉为"天下第二泉"，湖北蕲水兰溪泉第三。谷帘泉经陆羽评定，声誉倍增，从此驰名四海，享有天下第一泉的美名。

中冷泉位于江苏镇江金山寺外。据记载，以前泉水在江中，江水来自西方，受到山的阻挡，水势曲折转流，分为三冷：南冷、中冷及北冷，而泉水就在中间一个水曲之下，所以就称为"中冷泉"。

清咸丰、同治年间由于江沙堆积。金山与南岸陆地相连，泉源也随金山登陆。中冷泉上岸后曾一度消失，后于同治八年，即公元1869年被候补道薛书常等人发现，遂命石工在泉眼四周叠石为池。光绪年间镇江知府王仁堪又在池周造起石栏，池旁筑庭榭。并拓池40亩，开塘种植荷芰，又筑土堤，种柳万株，抵挡江流冲击，使柳荷相映，十分秀丽，现镌刻在方池南面石栏杆的"天下第一泉"五个遒劲大字，为王仁堪所书。

中冷泉水宛如一条戏水白龙，自池底汹涌而出。"绿如翡翠，浓似琼浆"，泉水甘洌醇厚，特宜煎茶。唐代的陆羽品评天下泉水时，中冷泉名列全国第七，稍陆羽之后的后唐名士刘伯刍把宜茶的水分为七等，扬子江的中冷泉依其水味的煮茶味佳名列第一。用此泉沏茶，清香甘洌，相传有"盈杯不溢"之说，贮泉水于杯中，水虽高出杯口二三分都不溢，水面放上一枚硬币，不见沉底。从此中冷泉被誉为"天下第一泉"。

北京玉泉位于西郊玉泉山上，自山间石隙中喷涌而出，淙淙之声悦耳动听，下泄泉水，艳阳光照，犹如垂虹，明时已列为燕京八景之一。明清两代，均为宫廷用水水源。据传，清帝乾隆为验证该水水质，命太监特制一个银质量斗，用以秤量全国各处送京来的名泉水样，其结果是：北京玉泉水每银斗重一两，为最轻；济南珍珠泉水重一两二钱；镇江中泠泉水重一两三钱；无锡惠山泉、杭州虎跑泉水均为一两四钱。证实乾隆自定评泉关键是水质轻为标准。玉泉水含杂质最少，水就清，质量最好，长期饮用还能祛病益寿。于是在水清而碧，澄洁似玉的泉畔，刻下了御制《玉泉山天下第一泉记》，从此玉泉被乾隆皇帝正式命名为"天下第一泉"。

济南趵突泉也是乾隆皇帝在评定北京西郊玉泉不久，南巡来到济南，当他看到趵突池中三泉喷涌，势如鼎沸，状似雪浪的壮观后，遂把泉水三柱誉为蓬莱、方丈、瀛州三座山，乾隆帝品尝趵突泉水，俯瞰泉池，觉情趣无穷，高兴处，写下了《游趵突泉记》，认为该泉水清冽甘美，和玉泉相比，有过之而无不及，于是大笔一挥，把第一泉的美名又封给了趵突泉。其实趵突泉为济南七十二泉之冠，泉旁石碑"第一泉"三字系清同治年间王仲霖所书，含糊其词，有意无意之间，给人趵突泉天下第一的印象，遂使趵突泉扬名四方。

以上四个第一泉是人们凭实践经验或具体实验命名的。各泉都有所长，简直难分高低，只能让它们并驾齐进，各享盛名了。

"三国"哑泉何处寻

　　《三国演义》第89回，描述诸葛亮南征到西洱河，七擒七纵孟获。孟获与其弟孟优逃到秃龙洞讨救兵。秃龙洞主机思大王夸口附近有四个毒泉，"若蜀兵到来，令他一人一骑不得还乡。"

　　这四个毒泉，"一名哑泉，其水颇甜，人若饮之，则不能言，不过旬日必死；二曰灭泉，此水与汤无异，人若沐浴，则皮肉皆烂，见骨必死；三曰黑泉，共水微清，人若溅之在身，则手足皆黑而死；四曰柔泉，其水如冰，人若饮之，咽喉无暖气，身躯软弱如绵而死"，蜀兵"于路无水，若见此四泉，定然饮水：虽百万之众，皆无归矣。"

　　果然，汉军先锋王率领几百名军士前头探路，天气苦热，人马争饮哑泉水。等他们回到大营，一个个只会指着嘴巴，张口结舌说不出话来。诸葛亮自己来泉边看时，"见一潭清水，深不见底，水气凛凛，军不敢试。孔明下车，登高望之，四壁峰岭，鸟雀不闻，心中大疑。"后来幸亏有神灵指教，寻到山林深处一位叫"万安隐者"的住处。隐者教童子引王平等一队哑军先饮草庵后的安乐泉，饮毕"随即吐出恶涎，便能言语"。隐者又告诫诸葛亮，"此地还有三处毒泉，切不可饮，但掘地为泉饮之无妨。"于是汉军无恙，安全行军到秃龙洞前，五擒孟获。

　　诸葛亮南征的故事发生在云南境内，云南有没有这样的四个毒泉呢？现在人们认为很可能实有其事。尽管《三国演义》是小说，许多人物和情节都是虚构的，但其中涉及到的大量天文、地理、气象等知识，可能是真实的。

　　有人推测，所谓哑泉，可能是一种含铜盐的泉水，也就是硫酸铜（胆矾）水溶液，称为胆水。云南处在"三江多金属成矿带"的主体位置上，境内遍布大小铜矿，著名的东川铜矿自东汉起就开始开采。但云南铜矿多为铜的硫化物矿床，如黄铜矿等，这类矿石中的铜不会溶于水，何以能变成铜溶液呢？这可能是几种微生物的功劳，如氧化硫杆菌、氧化铁矿杆菌、氧化铁杆菌等。黄铜矿往往与黄铁矿以及其它金属硫化物矿石共生，这几种微生物就生活在低含量无机盐酸性矿水中。在其自养过程中，专吃矿中的硫化物和低价铁，促使黄铁矿中的低价铁成为高价铁，变成硫酸铁和硫酸。形成的这种酸性溶液，对矿石中的铜或其他金属又有氧化、分解和溶解等作用，于是把本来不溶于水的铜转化成含有5个分子结晶的硫酸铜（胆矾），溶于水成了胆水，这叫微生物沥滤反应。

胆水饮后引起的铜盐中毒症是：呕吐，恶心，腹泻，说话不清，最后虚脱痉挛而死，与《三国演义》上描写的很相像。胆水解毒最简单的办法是渗进大量石灰水，两者反生成不溶于水的氢氧化铜和硫酸钙沉淀，剩下的是解除了毒性的清水。估计救了诸葛亮部下性命的安乐泉，当时就是碱性水，能使铜盐产生不溶性沉淀物。哑军饮了此泉就等于洗了胃，减轻了中毒症状。

所谓灭泉，很可能是水温极高的温泉，古人也称为汤泉。云南地处活动强烈的滇藏地热带上，现在全省已发现了480余处温泉，是我国仅次于西藏的地热资源最丰富的省区。在云南西部，即使是高温的沸泉也很普遍。有"热海"之称的腾冲，90～105℃以下的沸泉有10来处，其中以硫黄塘沸泉名声最大。这是一个直径3米、深1米多的圆形热水池，池内热浪翻滚，雾汽蒸腾，水温始终保持在96℃以上，俗称大滚锅，真是"与汤无异"。在这口大铁锅里煮鸡蛋或烫鸡拔毛，只要几分钟就够了。人如果跌进这样的沸泉里，难免"皮肉皆烂，见骨必死"。

在腾冲县城东北45公里，曲石乡小石塘附近，还有一处毒气泉叫扯雀泉。据说如有飞鸟从这儿低飞过，就会不打自坠，一个个被"扯下来"毒死，所以获得如此恶名。几十年前，扯雀泉是一个热浪滚滚的温泉，周围云蒸雾罩，后来由于山洪暴发带来的泥沙掩埋住泉眼，才变成今天这样一口以喷气为主的泉。有人认为扯雀泉就是三国时代的柔泉。经过分析，发现它喷出的气体中，二氧化碳占51%，硫化氢占2.46%，此外，可能还有更毒的气体有待分析。这些气体来自地壳深处的熔岩，沿断裂带涌出地表面。至今扯雀泉中仍不断冒出一股股酸臭气，毒气使整个塘子的周围和上空都受到污染。泉周围经常能看到一些被熏死的老鼠和鸟类的尸体。考察队员曾将一只活公鸡放入泉坑，鸡马上变得迟钝呆滞，90秒钟后大口喘气，98分钟后毙命。解放前曾有两头黄牛来这儿吃草，也被毒死。如果人走近扯雀泉，不仅强烈刺激鼻眼，而且立刻感到头晕恶心，手脚无力，呼吸急促。可以预料，如果再待时间长一些，就会"咽喉无暖气，身躯软弱如绵而死"。

不过，《三国演义》上提到的柔泉，并非温泉，却是其水如冰的冷泉。云南有没有冒出毒气的冷泉呢？看来还需要进一步勘察调查。而且哑泉系胆水之说，也仅是推测，并没有发现具体地点。至于与"黑泉"相类似的"水微清，人若溅之在身，则手足皆黑而死"的泉水，至今没有找到，还是个难解之谜。

◎ 祖国名瀑 ◎

　　无比壮观的瀑布，随着江河、溪水的奔流，腾飞于崖壁河床之间，泻落于湖潭深涧之中；犹如飞龙游蛇，无翅而行……

　　它们装点着祖国千里江山，显示出水流动的力量和美丽……

庐山三叠泉瀑布

庐山素来享有"匡庐奇秀甲天下"之誉，而庐山之美，却是瀑布居首。

庐山之名，早在周朝就有了。庐山的形成是一次强烈的地壳运动所造成。大约在7000万年前的白垩纪时代，地壳构造运动强烈，庐山受到南北两向强力挤压，形成地垒式断块山。地垒式断块山的山峰险峻，断层又纵横交错，形成庐山众多的深涧峡谷，加上亚热带的丰沛雨水，泉水便随之形成。

庐山瀑布多姿多彩，景色迷人。主要瀑布有：三叠泉瀑布、开先瀑布、王家坡双瀑和玉帘泉瀑布等。

三叠泉瀑布素称"庐山第一奇观"。三叠泉瀑布之水，自大月山流出，缓缓流淌一段后，再过五老峰背，由北崖口悬注于大盘石之上，又飞泻到第二级大盘石，再稍作停息，便又一次喷洒到第三级大盘石上，形成三叠。上级如飘云拖练，中级如碎石摧冰，下级如玉龙走潭。真是奇妙无比。

三叠泉瀑布是公元1191年被一个砍樵人发现的，在庐山众多的瀑布中是比较晚的。唐朝大诗人李白，在太白读书堂中隐居多年，而太白读书堂就在屏风迭上，屏风迭下便是三叠泉瀑布跌落的九迭谷，然后，李白却一直没有发现，否则一定又会留下传世之杰作了。

游人前去观赏三叠泉瀑布，既可以由牯岭街至五老峰旁的青莲寺茶场，再循涧至屏风迭，由上向下俯视三叠泉瀑布，也可以涉行10余里山径涧溪，登铁壁峰，由下向上仰观三叠泉瀑布。当然，俯视使人有凌虚而飘飘然之感，仰观则具有气势磅礴之势。

游客于铁壁峰昂首遥望，抛珠溅玉的三叠泉瀑布，宛如白鹭群飞，雪浪翻流，又如鲛绡万幅，抖悬长空，万斛明珠，九天抛洒。远踞数十步外山崖之上的观瀑者，目睹此景，虽衣履为谷风吹落的水雾所湿透，但仍情不自禁地欢呼雀跃。

　　三叠泉从山南最高处冉冉旋空而降。初级如云如絮，喷薄吞吐，流注大盘石上，水石冲激，乃始漾洄作态，珠迸玉碎。复注二级石上，汇为巨流，悬崖直下龙潭；飘者如雪，断者如雾，缀者如旒，挂者如帘，散入山足，森然四垂；涌若沸汤，奔若跳鹭，风驰电掣，霆震四击，轰轰不绝。游人想品评一番，然瀑布轰然落潭之声，使对坐说话，语不相闻。瀑布经过三次折叠，直泻谷底龙潭中，出龙潭后，水流沿山涧继续流向下游山壑之中。

　　自宋以来，诗家名流，竞相前来观瀑，诗人歌咏三叠泉瀑布的佳作，更是不胜枚举。那飞流而下的三叠泉瀑布的确其妙无比，使前来观赏的游人无不为之而倾倒，所以才会有"未到三叠泉，不算庐山客"之说。

"疑是银河落九天"

秀峰坐落在庐山南麓的星子县境内，千岩竞秀，万壑争流，景色十分迷人。其是鹤鸣、龟背、香炉、双剑、姊妹诸峰的总称。著名的庐山开先瀑布就在鹤鸣、龟背二峰之间，它是同源异流的东西两瀑。东瀑自鹤鸣、龟背两峰之间奔流而出，由于受到两崖窄隘迫束，瀑布跌落过程中，水流散开，形若马尾。故名马尾瀑。西瀑自黄岩山巅倾泻下来，跌落在双剑峰顶的大龙潭中，再绕出双剑峰东，缘崖悬挂数百丈，名黄岩瀑，渐与马尾瀑合流经青玉峡狂奔至龙潭中。唐朝大诗人李白，曾写诗描绘这里的美景：日照香炉生紫烟，遥看瀑布挂前川。飞流直下三千尺，疑是银河落九天。

气势宏伟的开先两瀑中，西瀑黄岩瀑更为壮观。黄岩瀑，又名瀑布水，它在枯水季节成为涓涓细流，形如一线从崖顶垂落下来；而到洪水季节，雨水充沛，溪水水流大增，那瀑布水便如玉龙天降，银河倒悬，奔腾而下。在阳光里，瀑布水面泛着银光点点，蔚为壮观。那瀑布水跌落过程中，溅激起的无数水花雨雾，则经山风吹拂，化为阵阵烟云，随风飘入云际。相传当年李白在庐山隐居时，每当春夏丰水时节，便登峰观瀑，于是李白才将庐山瀑布写得那么有生有色，绚丽多姿。

开先瀑布之美，还在于其山下左右、四周的景色均十分优美秀丽，正是这种秀美的环境，才把开先瀑布衬托得更加妩媚娇娆。

开先瀑布之上端，是秀峰簇簇，各具特色。有日照香炉生紫烟的香炉峰，香炉峰对面的双剑峰，又宛若双把利剑，嵌插在群峰之间，鹤鸣峰则形如仰鹤，至于姊妹峰，则娟娟并坐，美丽动人。

开先瀑布的下面，有一峡一潭，峡名青玉峡，潭曰龙潭。龙潭之水，为开先东西两瀑跌落汇流而成，有劈开青玉峡，飞出双白龙之说。青玉峡景色奇秀，其间依山临涧的漱玉亭，是游客观瀑听泉的最佳处。

　　青玉峡丛林中，原有庐山五大丛林之一的秀峰寺。该寺始建于南唐，相传南唐中主李璟曾在此筑台读书，当时秀峰寺称为开先寺，大概开先瀑布之名由此而来。

险山中的石门涧瀑布

石门涧瀑布，位于天池山与铁船峰之间，它是庐山瀑布群中最早被录入史册的古泉。2000多年前的《后汉书·地理志》中就有记载。看来石门涧瀑布的发现，要比其它瀑布早好多年。

游人前往石门涧瀑布，可由山顶龙首崖至清凉台下行，随当年徐霞客穿涧登山的百丈梯道攀崖而下，亦可抵达石门涧瀑布。

从山麓的文殊寺旧址处，便可抬头望见一幅雄奇图画：一边铁船峰，叠壁千仞；一边天池山，悬崖万丈，两峰并峙如门，石门涧瀑布如深涧中一匹白马，奔腾破门而出，声震数里之外，非常雄壮。

沿涧走到石门涧瀑布，山势渐险，一路多巨石挡道，时上时下，时走时爬，是一段艰难的路程。尤其到石门坎时，两崖之间仅存一条细细的缝隙，游客侧身方能通过。

而一旦通过石门坎，展现在眼前的却是另外一幅奇美的景象：这里清泉奏乐，山花怒放，高山之下有积水湖，湖底乱石纷杂，阳光映照下，波动影移，仿佛一条条摆尾摇动的游鱼。湖边有"钓鱼崖"耸立，钓鱼崖旁又有一块巨大的磐石，石上有"石门涧"三个大字。

从钓鱼崖再登山而上，道路越走越崎岖不平，好不容易攀上一悬崖绝壁，这里是庐山的西南大断层经过处，峡谷深达几百米，而两边奇峰迭宕，壁削千仞，桅杆峰与童子崖如插天而立，使人感到前途有奇瀑，道路太艰难。游人鼓足劲越过桅杆峰和童子崖后，方见一条阔30余米的白练，翻崖飘落，坠入碧龙潭中。

此时再观石门涧瀑布，那团团腾起的烟雾，在阳光里形成一道道若隐若现的七彩霓虹，更为奇壮的石门涧瀑布，增添了几分神秘的秀色。若游人再走近瀑布，从下而上仰视石门涧瀑布，其状似玉龙从天而降，喷吐着阵阵烟雾，万千银珠，打得游人满身潮湿，双眼难睁，只是一片迷濛浑沌；瀑布击石发出的轰轰声响，又如雷鸣过顶，让人听之惊心动魄。翘首仰望，四周万仞石城，壁垒深严。文殊岩奇松倒悬，蔚为奇观。

石门涧瀑布的景观，吸引了无数诗人来此，李白、袁枚观瀑后，都曾赋诗赞美石门涧瀑布的壮美。有人把石门涧瀑布称为庐山瀑布群中的佼佼者，应该说它是当之无愧的。

黄龙潭和乌龙潭瀑布

黄龙潭瀑布和乌龙潭瀑布坐落在庐山三宝树风景区，在匡庐瀑布群中以秀美纤柔著称。

在三宝树附近的幽谷中，崖壁陡立，岩石层叠，四周草木茂盛，一条瀑布从十几米高的崖上跌下，发出阵阵悦耳动听的击水声，瀑布跌落潭中，稍作停积，继而又在石缝之中蜿蜒流淌，奔向下游。黄龙潭瀑布以秀、幽见长，大概不是正午时分，黄龙潭瀑布是不太会受到阳光照射的，因此，潭边瀑下之石块崖壁上，青苔遍布，把小涧打扮得一片绿色，衬托着飞流而下的雪白透明的瀑布，更使黄龙显得格外幽静、深秀和清凉。另外，黄龙潭瀑布旁边还有一些石刻。

从黄龙潭瀑布向下走上几百米，然后再向西北方向就可到达乌龙潭瀑布。只见瀑布从几块巨石中夺路冲出，分成三股，只有数米高，然而姿态十分优美。那一股股水流，跌落水中，发出婉转悠扬的乐音：那乌龙潭水，清澈透明，惹人喜爱。游人至此，不禁会体会到"山不在高，有仙则名，水不在深，有龙则灵"的含意。

三宝树风景区中有黄龙寺遗址。相传此寺为高僧彻空为降伏黄龙潭中的黄龙而建造的。当时黄龙潭中潜藏一条桀骜不驯的黄龙，时常搅得山洪暴发，百姓遭灾，后来，高僧彻空禅师云游至此，便以佛家之普渡众生教义，驯服了这条黄龙并在黄龙寺赐经亭旁掘下制龙洞。故现在三宝树附近有一块巨石，上面刻有降龙两字。

传说乌龙潭中却藏有一条温驯善良的白龙，大旱日子白龙便喷云吐雾，普降甘霖，大涝时节，白龙又吸水排涝。故白龙受到百姓的喜爱和崇拜。为了表示敬意，百姓在每年六月初，采集百果，送来饭菜，投入潭中，祭祀神龙。多少年，白龙一直在乌龙潭中修身养性。那分成数股的乌龙潭瀑布，终年流淌不息，昼夜伴随着白龙，就这样，形成了秀美的乌龙潭瀑布。人们游览到此，不仅为这里的妖媚秀色所吸引，亦为这里流传如此优美动人的传说而感动不已。

大龙湫和小龙湫瀑布

雁荡山坐落在浙江乐清县境内，人们赞叹雁荡之美在于瀑，故素有"万条流泉千条瀑"之称。它与黄山奇石、庐山云雾齐名，为我国名山风景中的"三绝"。

雁荡山上的瀑布数量极多，仅载入史书有名称的便有18条，主要是大龙湫、小龙湫、三折瀑、散水岩等。

大龙湫高达190米，在我国众多的瀑布中，亦算相当高的了，且瀑布终年不断，四季景色不同，甚至在同一天内，亦会受到风力、晴雨等因素的影响，而呈现不同的景色。

每当秋冬之季，水量骤减，瀑布上端尚有如珠帘下垂、玉带飘空，可下落几丈后，则已化为细如粉、白如雪的一片迷濛水雾，在山风的吹拂下，水雾上下翻腾，四处飘散。据说，当山风直吹瀑布时，瀑下的碧潭之中，会出现一条银龙在水中翻腾嬉戏，左右摇摆，上下翻滚，煞是奇特。其实这条银龙不过是大龙湫跌入潭中，激起的道道漩涡，朵朵水花而已，只因山风的变化，才在水中翻滚弯扭起来。此时若阳光灿烂，瀑布散成的水气烟雾之中，就会出现一条巨大的彩虹。大龙湫的景色是多姿多彩的。

盛夏季节，雨水丰沛，大龙湫水量陡增。尤以雷雨初晴时，大龙湫之水，若万匹野马，从百丈崖壁上猛奔下来，震天动地，在深潭反激起丈许水柱，卷起万朵浪花，在山风吹拂下，如横雨飘洒，直扑眼前，使人难以近观。大龙湫瀑布轰然下泻潭中，气势十分磅礴。

至于阳春时节，江南多绵雨，大龙湫显得更为妩媚、柔美。如此雄壮秀媚的景色，自然引得无数诗人画家吟诗作画，竞相传诵不已。

比起大龙湫瀑布，小龙湫飞瀑自有特色，它不像大龙湫那样，洋洋洒洒，腾空飘扬，而是紧贴着崖壁，倾泻而下。瀑布直落瀑下的小龙湫潭中，激起水柱数米，又形成涡流，在潭中回旋。小龙湫潭的四周，都是些嶙峋巨石坡。瀑布落入潭中后，又从这些乱石缝中冲溢出来，汇成卧龙溪。卧龙溪中滚石累累，两岸水草丰美，山崖突兀，甚是险要。若大雨初过，小龙湫之气势更为雄壮了，它像一条发怒的银龙在飞舞，跌入潭中，发出震慑人心的巨大声响。其场景使人振奋，令人倾慕。

三折瀑和散水岩瀑布

到雁荡山观瀑，在三折瀑的下折瀑下，从下折瀑拾级而上，可依次观赏到中折瀑和上折瀑，再抄山路经开源洞下山。

在下折瀑前，抬头仰望四周天空，竟呈葫芦形，所以人称"葫芦天"。逐步攀登至兰花亭，再回望下折瀑，已在脚下。自兰花亭继续前行30多米，即到了中折瀑。此折实是三折瀑中最美的一折瀑布。危崖高耸，围成一个半圆形，崖壁刻有"雁荡第一胜景"六字。再观飞瀑，从崖后翻越而下，倾泼下来，夹带着无数水珠，从容落入潭中。而山风回旋时，千万水珠烟雾亦随之而飞转；若在晴空万里，丽日当空的上午9时许，阳光在水云烟雾之中，会画出一个缤纷的彩虹。游人可沿潭旁小径，绕到瀑布后面去，此时仰观中折瀑，若白龙从蓝天而降，更是一派神奇景象。

自中折瀑继续往上翻过山岭，便到上折瀑。上折瀑也在陡崖之间，由于水势较下折和中折为小，瀑布从崖壁上倾泻下来，落入石坑，发出声响，卷起堆堆水花后，又继续往下流去。上折瀑之景，亦是秀丽妩媚。

三折瀑的上、中、下折景色不一，各具特色，不愧是雁荡山名瀑之一。

散水岩瀑布很别致，水从岩崖上散落而下，倒十分像它的名字，的确是名副其实。

散水岩瀑布的四周，是高耸的山峰峭壁，散水岩瀑布由半圆形的峭壁顶上，倾泻而下。散水岩瀑布的水量并不大。然而它的姿态却甚飘逸潇洒。由于瀑布后面崖壁凹凸不平，散水岩瀑布飘落至半途，便触石而又溅散开来，瀑布从白练化为水珠，既而散成雨雾。阳光照射瀑面时，银光耀眼，色彩缤纷，格外妖娆。而当山风吹来，水珠雨雾随风飘舞，姿态万千。此景一般是在水量较小的秋冬及初春季节所常见。倘若夏季洪水季节，水量骤增，瀑布从崖上翻滚下来，气势磅礴，落入散水潭中，掀起水柱，卷起雪浪，声响如鸣雷。

　　散水岩的岩壁上有一山洞，徒手攀援至洞口，再眺望瀑布，则散水岩瀑布又是另一番动人景色，它像一匹轻轻的白练，随风飘动着。散水岩瀑布下的散水潭，平时潭水清澈见底，波光潋滟，十分迷人，使游人徘徊于潭边，久久不舍得离去。

黄果树瀑布

　　黄果树瀑布群位于贵州省黔中丘原的镇宁、关岭布依族苗族自治县境内。它是由20多个景色各异的大小瀑布组成，其中以黄果树大瀑布最为秀美壮观。

　　黄果树瀑布发育在世界上最大的喀斯特地区——华南喀斯特区的最中心部位。这里不仅在地表上广泛出露大量可溶性的碳酸盐岩，而且在地下即垂向上的分布亦占很大比例，区域地质构造十分复杂。

　　这里位于亚热带湿润季风气候的南缘，水热条件良好，形成了诸多河流。这些河流对高原面的溶蚀侵蚀切割，加剧了高原地势的起伏，形成了各种各样绚丽多姿的喀斯特地貌。由于河流的袭夺或落水洞的坍塌等原因，形成了众多的瀑布景观。黄果树瀑布就是其中最典型的。

　　黄果树瀑布的上游是白水河，多年平均流量为16立方米／秒，白水河自东北倾泻而下，水势汹涌，流经黄果树地段时，因河床断落，形成九级瀑布。黄果树瀑布是其中最大的一级。最新测量结果表明，黄果树瀑布高为66.8米，宽达81.2米。以高屋建瓴之势跌落于犀牛潭中，发出轰然巨响。因此，黄果树瀑布水量充沛，气势雄壮。

　　黄果树瀑布漫天倾泼，带着巨大的水流动能，发出轰轰的如雷巨响，展示出大自然一种无敌的力量与气势。巨量的水体倾覆直下，形成了大量的水云雾，漫得峡谷上下一片迷濛，给黄果树瀑布蒙上了一种神秘的诱人色彩。

　　瀑布平水时，一般分成四支，自左至右，第一支水势最小，下部散开，颇有秀美之感；第二支水量最大，更具豪壮之势；第三支水流略小，上大下小，显出雄奇之美；最右一支水量居中，上窄下宽，洋洋洒洒，最具风采。

　　黄果树瀑布的景观，随四季而变换，昼夜而迥异。秋夏季节一般洪水较多，水量最丰，瀑布水层变厚，水中因含有大量泥沙而显得黄浊，此时瀑布翻崖直下，捣金碎玉，气势最为雄壮。瀑布跌入潭后，涌起水柱数丈，忽高忽低，激起水花万朵，四处抛洒，卷起漩涡无数，上下翻奔，观之不禁令人心悸魄荡，既而又会产生一种激烈的壮志豪情。

春冬季节，瀑布细缓，水流清澈。遥望瀑布，别有一番轻歌曼舞的婀娜风姿。每当丽日当空，阳光灿烂，黄果树瀑布宛若一条溢彩溅金的银龙，喷吐着浓浓的迷雾，在阳光的照射下，虹霓隐现，景色神奇美妙。升腾的水雾继续上升，笼罩着瀑布西侧的黄果树寨子，给寨子带来了独特的景色，尤当日出东山，或日暮黄昏，阳光将袅袅娜娜的水雾染上一层神奇的金色，因此黄果树寨子有了"水云山庄"的美名。

当夜色降临，皓月千里，星辰稀疏。伫立观瀑亭前，举头望月，再观赏面前夜色之中的黄果树瀑布，宛若银河从九天而落，从潭中升腾起层层水雾直扑面门，仿佛是一幅神秘幽美的世外图画。

此时，远眺贵州高原上，峰峦叠影，不知其数；近观身边四周，花草树木，不知其名；清风徐徐拂来，送来缕缕醉人之清香，俯身侧耳细细聆听，隆隆水声之中还夹杂着蛙声和蟋蟀声，组成一曲旋律奇特的交响乐。此时此刻，不禁使人有一种飘飘然若置身世外仙境的感觉。

黄果树瀑布美妙无比，如此壮美的景观，又是怎样形成的呢？

对于黄果树瀑布的成因，可谓是众说纷纭。有人认为它是喀斯特瀑布的典型，是由河床断陷而成的；有的则认为是喀斯特侵蚀断裂——落水洞式形成的。

最近的研究表明，黄果树瀑布前的箱形峡谷，原为一落水溶洞，后来随着洞穴的发育，水流的侵蚀，使洞顶坍落，而形成瀑布。因此是由落水洞坍塌形成了黄果树瀑布。

黄果树瀑布除瀑美之外，还有二奇，一是瀑上瀑与瀑上潭，在主瀑之上有一高约4.5米的小瀑布，其下还有一个深达11.1米的深潭，即是瀑上潭。瀑上瀑造型极其优美，与其下的黄果树主瀑形成了十分协调的瀑布组合景观。

另外一奇是水帘洞，其为主瀑之后，瀑上潭之下，钙化堆积之内的一个瀑后喀斯特洞穴。这水帘洞，高出瀑下的犀牛潭约40余米，其左侧洞腔较宽大清晰，并有三道窗孔可观黄果树瀑布。

水帘洞共由6个洞窗、5个洞厅、3股洞泉和6个通道线组成，全长134米。6个洞窗均被稀疏不同、厚薄不一的水帘所遮挡。

从幽黑昏暗的水帘洞内，透过水帘向外看去，瀑布巨大的水流轰然从面前跌下，落入瀑下深达17.7米的犀牛潭中，激起的水珠扩散抛洒，阳光下虹霓若隐若现，此时从洞中眺望峡谷对岸的街景，缥缥缈缈，一片迷雾，似实如虚，真如幻景一般。

我国的水帘洞虽然很多，然而无论瀑布的气势、洞内的景观，都不能与此处水帘洞相媲美。

由于黄果树瀑布群各瀑布风韵各具特色，造型十分优美，气势极为壮观，具有极大的旅游观光价值，所以国务院将黄果树瀑布群列为全国第一批重点风景名胜开发区域。相信作为佼佼者的黄果树瀑布一定能成为世界最著名的瀑布游览点。

陡坡塘瀑布

陡坡塘瀑布是黄果树瀑布群中颇具特色的一个天然坝型瀑布。瀑布高虽只有21米，可瀑面宽达105米，平均水流量约为16立方米／秒，瀑布在平面略呈半月拱形，其上有一个面达1.5万平方米的巨大溶潭。它是黄果树瀑布群中瀑面最宽的一个瀑布。

远眺陡坡塘瀑布，似并未觉其神韵，慢慢走近，才渐渐领略到其中别有的风致。平水时，白水河流量不大，水流清澈，陡坡塘瀑布显得十分清秀妩媚。瀑布水层沿着和缓的瀑面，均匀地撒开，在一鳞鳞的钙华滩面上轻盈地舞着，如一层薄薄的、半透明的面纱，又如一面面张开的素绢扇面，在阳光下泛着银光，十分雅致。

但是，当洪季来临，白水河水由于携带了大量由洪水冲下来的上游泥沙而呈黄色的浊流时，陡坡塘瀑布便消失了往日平水时的秀色，而变得异常凶猛雄壮。黄浊的河水翻坝跌落，摧玉捣冰，像一匹脱缰的野马，且瀑布左侧的钙化堆积而成的洞穴，在巨量洪水经过时会产生奇特汽笛效应，发出低沉浑厚的吼叫声，所以陡坡塘瀑布又被称为"吼瀑"。

陡坡塘瀑布在白水河流量较小时，游人可进入瀑后钙化层下的水帘洞。比起黄果树瀑布的水帘洞来，陡坡塘瀑布的水帘洞规模要小得多。水帘洞纵向深入甚浅，游人背贴洞底，瀑布溅落的水珠还可以打湿衣衫，长度亦不过20多米，但是，陡坡塘瀑布水层薄，水帘洞更名副其实，轻纱素练似的瀑布，恰似一幕帘子挂在洞前。

在陡坡塘瀑布东侧山崖上，有一条小瀑布从芦苇丛中飞泻而下，还不等水流至地面，瀑布已散成层层水雾。从小瀑旁经过，只见晴空绵雨，横飘乱扬，并在阳光下折射成美丽的彩虹，修长清秀的小瀑与宽阔雄壮的陡坡塘主瀑形成一种强烈的对比，但似乎又和谐地组合在一起，这种瀑布的组合很奇特，非常有情趣，是陡坡塘的一个特色。

螺蛳滩瀑布

螺蛳滩瀑布，位于黄果树瀑布下游，是一个崩溃的大瀑布的残体。

白水河从黄果树瀑布向下流去，经拦河坝后，翻落分成两股，环绕着中央的岩土江心滩，两股各自流向下游。汇合处则已变成两个相对的瀑布，这就是螺蛳滩瀑布。

螺蛳滩瀑布左支大而缓，右支小而陡。一急一缓，相映成趣。平水时，左支宽长的滩面上，水流轻缓，上可行走；而右支则从30余米的高崖上蓦然坠落，水涌流急，甚有气势。国内不少瀑布也有分支现象存在，但像螺蛳滩瀑布这样缓急分明、秀雄迥异的两支瀑共生在一起，组成一个奇特的大瀑布，几乎是绝无仅有的。

螺蛳滩瀑布，平均高度为29米，宽120米，流量一般在10立方米／秒以下。由于滩面逶迤绵长，达350米，故是黄果树瀑布群中较为奇特的一个瀑布。从大坪地南边的高峰上俯视螺蛳滩瀑布，的确像一条长而缓的一滩急水，而不像黄果树瀑布那样，落差巨大，水流跌落，下成深潭。

螺蛳滩瀑布何以形成这种奇特罕见的景观呢？原来螺蛳滩瀑布是处于一个瀑布发展后期阶段，落水洞已完全坍塌，踪影难觅，右支瀑布后的陡崖可算是原先落水洞的一个大致位置所在，其实可能是后退了一定距离的。左支瀑布则本来比较和缓，天长日久，原瀑面上不断堆积钙化，钙化的大量堆积，一方面使瀑面向下游延长，一方面则使瀑面变得更加平坦，这样，两支瀑布一进一退，进者形成长而缓之滩面，退者形成短而陡之瀑面，终于形成了今天的样子。

在螺蛳滩瀑布的西边，是一个绿树掩映、古榕参天的石头小村寨，村寨名叫滑石哨，因村里有12棵千年大榕树而闻名。那12棵盘根错节的古榕，形态各异，最大的一棵古榕，需12个人展臂才能合抱。古榕之景，吸引众多游人慕名前来游览，是螺蛳滩瀑布旁的又一好景观。

银链坠潭瀑布

银链坠潭瀑布位于黄果树瀑布下游，属于落水洞型瀑布。

在黄果树瀑布群中，银链坠潭瀑布所在的天星桥风景区内的景观最为深秀幽雅。小溪旁、石林边，处处生长着一棵棵古老巨大的榕树。榕树树冠较大，枝叶十分茂密，走在古榕蔽日的石径上，清凉幽深，水流哗哗地从脚下流过，知了在榕树上歌唱，形成了一个让人感到十分惬意幽静的环境。

银链坠潭瀑布的上游河滩上，散布着无数的乱石，乱石将溪流分割成无数股细流，经过一段百余米的流程，便有一堵叠嶂分溪水为两支。左支从南、西两面潜入石林基部，成一碧潭；右支则从北面汇入碧潭。由于坎壁上布满了石灰华，水层极薄，加上石灰华表面有鱼鳞状的细小起伏，故水流流在石灰华上，似轻纱曼舞，十分优雅，阳光照射下来，瀑面上道道银光，闪闪发亮，似无数条银色的珠链缓缓翻落而下，故得名银链坠潭瀑布。

银链坠潭瀑布最奇之处，还在于石灰华组成的瀑滩，造型十分奇特，它宛若一把张开的扇子，呈锥状舒展着；又如一只只开屏的孔雀，在争奇斗艳，各显风采。

溪水跌入银链坠潭瀑布之下的深潭中后，便消失在石林之下成为暗流，暗流经过一段短短的路程，又冒出地面，形成与雅静清秀的银链坠潭瀑布相对的另一景色——龙门激水。只见跌水切过龙门，如玉龙狂舞，飞花碎玉；由于石灰坝的层层阻挡，激起无数水花，如珍珠凌空飘洒，阳光一映，现出彩虹横空、盘龙戏珠等瑰丽景色。龙门两岸，芭蕉翠绿，叶上悬挂着颗颗水珠。涧下深潭，浪群兜着圈子，继而你推我拥地向下奔去，涌向弯弯曲曲的打帮河去。龙门之上，现筑有吊桥一座，游人从桥上行走，俯视滔滔龙门之水，耳闻轰轰水流之声，不免会有头晕目眩之感。

银链坠潭瀑布周围除花草树木和水上石林等景色外，还有一处颇为奇特的地下石林风光——天星洞。天星洞是黄果树瀑布群风景区中较为壮观的一个洞穴。洞内石笋挺拔耸立，洞壁多姿多彩的石幔、石花等随处可见，洞顶则倒悬着各种钟乳石，钟乳石上不时滴落水滴，从那么高的洞顶跌落到地面的石笋上，发出清脆悦耳的声音。

关岭和关脚瀑布

滴水滩瀑布是关岭大瀑布的最后一级，它宛若素练一般遥挂眼前，飘飘扬扬。滴水滩瀑布洪水季节浊流奔涌，雷霆万钧，而平时却显得格外清丽和缓。

滴水滩瀑布在黔滇公路西边不远处，宽为63米，高达130米的大瀑布，它比黄果树大瀑布高出整整1倍。因此又得名高滩瀑布。

滴水滩瀑布其实可分三段，上段高约90余米，水流冲出崖顶，直落而下，其下有一个深达9米多的深潭；中段高约26米，分两股坠入其下的水潭；下段高达15米左右，分数股落入瀑陵河中。若说上段瀑布以气势非凡见长的话，则中、下段瀑布以妩媚秀美为特色。水流流经粼粼发光的钙化滩面上时，宛若一层薄薄的半透明的面纱在飘舞，又恰似一面面张开的素绢扇面，在阳光下发出耀眼的光芒，景色非常奇特诱人。

关岭大瀑布是一个由七级瀑布组成的多级瀑布，在总长数公里的河段上，形成一个总落差为410米的大瀑布。滴水滩瀑布是关岭大瀑布的最后一级，沿着滴水滩瀑布上行，便可依次观赏到关岭大瀑布其余6个瀑布各自的景色。走过现仍残存的瀑陵桥，沿着崎岖的曲折的古驿道，登上崖顶，回首再看，滴水滩瀑布已在脚下了。

沿着果姆当河溯流而上，便可见关岭大瀑布的第六级瀑布了。瀑布四周危崖耸立，游人无法靠近瀑布的脚下来近观，只能站在离瀑布不太远处的崖顶上望去，第六级瀑布宛若一条蛟龙从天而降，直落深潭之中，巨大的水体冲击着岩石，发出轰轰巨响，令人振奋。瀑布跌入潭中，涌起水柱丈余，忽高忽低，激起无数水花和雾珠，四处抛洒纷扬，在阳光的照射下，云水烟雾之中，霓虹隐现，非常壮观。

继续溯源上行约300米，又可听见瀑声震耳，眼前出现的正是关岭大瀑布的第五级，这是一个宽而高的瀑布。果姆当河至此，突然翻崖猛泻，声如雷鸣。瀑布滩面上，有数块巨石阻挡，将瀑布分成三四股，各飞流直下碧潭。由于潭之四壁均为陡崖，隆隆瀑声发出沉闷的回声。瀑布溅激之水花，纷扬之水雾，罩得整个碧潭及四壁一片迷蒙，游人至此，云雨烟雾，头发不久就挂满颗颗水珠。迷蒙之中，仔细看去，丽日映射，虹霓横空，如置仙境一般。

从第五级瀑布处再上行百余米，便至关岭大瀑布第四级了，它比前几级，要略为小些，果姆当河在此蓦然跌落，形成高约40余米的瀑布。这级瀑布以瀑布之上有一巨大石柱为其特征，巨石之下，亦多礁石，瀑布被林立的顽石分割成数股水流，时分时合，向下游流去。游人到此会惊叹这石柱的坚韧不拔，在瀑布那飞流猛烈的长期冲击下，它仍岿然不动，屹立于激流之中，真可谓是名副其实的中流砥柱了。

第三级瀑布离第四级瀑布亦不过百米之距。它像一个三级跳远运动员那样，分成三段，跳跃而下。在此瀑布之上，即是第二级瀑布了。它高约24米，宽约15米，分两股坠落，右面一股整体跌下，声势浩大，其边的崖壁下还有一股小瀑布同时跌落；左面一股比较分散，由于多顽石阻挡，分成4小股后，又汇成一片而坠落。

第一级瀑布离二级瀑布很近，它的规模是关岭七级大瀑布中最小的了。在两山夹峙之间，它高约10余米，宽约5～6米。

综观关岭大瀑布，其七级瀑布各有特色，加上果姆当河两侧，崇山峻岭，峰峦叠起，河之两岸，危崖陡立，顽石突兀。河水蜿蜒曲折，飞流湍急，矫若银龙，深藏山谷，时隐时现，时缓时急，或壮观雄奇，或秀丽幽美，或层层叠叠，各具风致，景观十分壮美，实在是旅游度假的好地方。

关脚瀑布在黄果树瀑布下游的打帮河上，高达141米，宽约50米，平水流量为25立方米／秒，瀑下有一个清碧深邃的大潭，潭面比黄果树瀑布下的犀牛潭还大，叫孔明潭。无论从高度还是水量，关脚瀑布均要胜黄果树瀑布许多，所以关脚瀑布是以雄取胜。

关脚瀑布在打帮河上，两边山梁从河谷两侧逶迤而来，绵延数十里，到此突然收住，山势陡然升高，峭壁对峙，相距仅百余米，两面悬崖千丈，一道岩梁横卧中间，形成了一个天然关口，名曰"那大关"。在这里，打帮河强烈下切，深达700余米。河水汹涌奔腾，跌落形成了关脚三级瀑布，由于此时打帮河已经将白水河、王二河、灞陵河、断桥河等诸溪

飞瀑涌泉

流汇合为一，水量骤增，故使得关脚瀑布成为黄果树瀑布群中气势最为雄壮，水量最为巨大的瀑布了。

关脚瀑布不仅本身气势恢宏，声轰如雷，而且瀑布附近的景观也很佳。除孔明潭这一巨大水潭之外，瀑上河段，滩潭相连，冲坑满布，壶穴连群，礁石突兀，流态险恶。瀑布右方，关脚寨子后面的山岩，削岩千丈，独立摩天，猿猱难攀。崖上虬龙古树，蔚为奇观。

关脚瀑布附近，亦有奇景几处，就在其悬崖脚下，有一股很大的山泉从岩洞里淌出，水质纯净，清凉沁人，人称龙井。就在龙井旁，有一巨石，其上生长一大榕树，树根若千手之佛，将巨石紧紧缠住，形成树抱石的奇观。

龙井一带，泉树甚奇。除上述古榕之外，尚有攀枝花，霸王鞭和油桐树等珍稀树种。每至清明前后，红棉素桐，竞相开放，相映益妍，遍野飘香。与龙井泉水及关脚瀑布一起，组成了一幅雄浑豪迈、奇树异花兼备的生动画面，的确是风光秀美的旅游胜地。

龙门地下飞瀑

龙门飞瀑，坐落于黄果树风景区的安顺龙宫洞内，也称龙门地下瀑布。

沿着潺潺流淌的阻鱼河溯源而上，在阻鱼河的尽头，便是一道高达50余米、阔约20余米的大溶洞口门，宛若一拱门横跨山岩之间，人称"天下第一龙门"。

渐近龙门，便听见水声轰轰，水气扑面而来。群燕翔集在龙门高大的洞壁蟠隙中，更增添龙门的几分神秘气氛。进了龙门，光线渐暗，但洞顶仍有幽光透入，脚下翻滚的激流，洞壁上钟乳石倒悬，各色青苔和无名小草点缀其上。当你正迷恋于洞中之景时，一阵阵似万马奔腾的咆哮声，震耳欲聋，水声和好奇心促使你溯流而上，渐入洞之深处，此时，水雾越来越大，眼睛虽已渐渐适应了洞中的黯淡光线，可眼前又是一片迷蒙了。抬头细看，水雾弥漫之中，有一道瀑布若出水蛟龙从洞顶之断崖上翻然冲出，喷云吐雾，轰然作响，这就是龙门飞瀑了。

龙门飞瀑高达33米左右，宽约25米，中间随崖石的起伏而有扭曲之状。由于光线不足，瀑布似乎已将自己的雄姿丽容隐藏在昏暗迷茫之中，仅凭其发出的惊心动魄的呐喊，借助溶洞龙门的共鸣，已足以使游人感叹不已了。

龙门飞瀑两旁的绝壁上，有栈道逶迤而上，左壁栈道前有几块石阶垫在瀑下溪流中，过石而上栈道。伸手可触及绝壁上的青苔和钟乳石。渐上栈道，脚下石级越来越窄，亦越来越滑，加上水烟奇迷，故每登一步石阶，尚需相当的勇气。登至栈道半中央，眼看阵阵雨雾，耳闻轰轰水声，再看一下脚下深不可测的瀑下龙潭，很少有人再向前摸索了。

不敢直攀而上，只有绕道登山，拾级而上，不一会便来到了这碧绿澄澈的天池旁边了。天池是一泓清澈的湖水，面积达1010平方米，下面出口处即连接着龙门飞瀑，源头来水处便是著名的龙宫洞。与飞瀑咆哮的声势形成绝然对比的是静谧的湖水，既有动态美，又有柔静美，瀑布刚刚给人一种心悸魂动的感觉，而天池则让人一下子感到轻松安逸。

从天池的一边，可乘小舟游览水晶龙官之妙景。泛舟刚过天池湖水，龙宫口门已在眼前。洞中灯光灿灿，钟乳石成群倒悬。游人需不时低头躲避，才不至于头碰乳石。再回头看去，恰似群龙戏水，故此景取名"群龙迎宾"。进入二厅，宏大辉煌，洞壁上布满石幔，让你开始感到龙宫之妙了。再入三厅，钟乳石直逼水面，人在舟中，需屏息敛气，谨慎前往。四厅小巧玲珑，五厅水面阔大平缓，各式各样的钟乳石、石幔倒映水中，扑朔迷离，令人如入仙境。六厅气势磅礴，游之若历幽谷。至龙宫出口处，两壁状若蚌壳，故称蚌壳岩。洞外有光射入，唯见一线，故有"一线天"之称。

龙门飞瀑是黄果树瀑布群惟一的暗瀑，景色奇特，值得一游。

九寨沟瀑布群

巴山蜀水，自古至今，不知迷醉了多少游人！近年来，蜀中胜地又发现了一颗灿烂的明珠，这就是被人们称为"神话世界"的九寨沟。

九寨沟坐落在四川省松潘、南坪、平武三县接壤的崇山峻岭之中。因曾有9个藏族村寨坐落于此，故得其名。

九寨沟风景，主要是集中在水景，众多的海子（湖泊）和连接这些海子的瀑布群，是九寨沟风景中最富有魅力的奇丽景观。天堂杭州之西子湖，水光潋滟，山色空濛，媚若江南多情少女，而九寨神地之海子瀑布，碧绿浅蓝，天然雕饰，洁如巴蜀纯情村姑。尤其对于久居城市的人来说，漫步在九寨沟的山山水水之中，一定会有一种返朴归真之感。

纵览我国瀑布，或从断崖蓦然跌下，势若大海倒泻，银河决口，声势恢宏；或从峭壁凌空飞落，状如白绫脱轴、袅袅娜娜，姿态千般；或从洞上翻崖直下，形若水晶珠帘，垂挂洞前，妙趣横生。而九寨沟瀑布群，则从长满树木的悬崖或滩上悄悄流出，瀑布往往被分成无数股细小的水流，或轻盈缓慢，或急流直泻，千姿百态，妙不可言，加上四周群山叠翠，满目青葱，至金秋时节，层林尽染，瀑布之景就更为神奇秀丽了。

九寨沟瀑布群，主要有树正瀑布、诺日朗瀑布和珍珠滩瀑布组成。

树正瀑布阔50来米，高20余米，它从古树丛中奔腾而出，瀑面之上，又有不少树木阻挡分流，于是，树正瀑布就盘旋、出没于悬崖树林之中。

这种奇特的瀑布景观，的确足以令游历甚广的人惊叹不已。那翻着雪浪的瀑布，与苍劲古老的树木一动一静，形成了强烈的对比，然而又组合成一幅和谐的天然图画。有人这样形容树正瀑布的奇丽神妙之景色：枝叶葱绿的古木那弯曲着的躯干半浸在瀑布中，任凭白花花的瀑布冲刷着，宛若一个个头披秀发，裸露玉体的仙女，在圣水中尽情地沐浴嬉戏，大自然的神奇景色，有时竟能使人若身置伊甸乐园之中！

尽管许多树木是深深扎根于岩缝之中，有的甚至一条支根被瀑布冲刷出来后，又拼命地扎入另一处岩缝之中，顶着浪花翻滚的瀑布，顽强地拼搏着；但亦有些树木，经不住瀑布的冲刷，而被冲出带走。

天工造化，鬼斧神匠，树正瀑布，可谓奇瀑了。瀑布之上，不仅水石相激，浪花飞溅，更有水木相搏，堆雪碎冰。九寨沟瀑布群景之美，由此可窥一斑。

诺日朗瀑布是九寨沟瀑布群中最大的瀑布。"诺日朗"三字，在藏语中的意思就是雄伟壮观，名字起得很确切，诺日朗瀑布果然名不虚传！

诺日朗瀑布，落差虽然不很大，大约为30～40米，而瀑面却十分宽，达140余米，在我国瀑布中，大概可以算作第一阔瀑了。

诺日朗瀑布景色，四季变换，昼夜迥异。春天的诺日朗瀑布，宛若一个刚刚苏醒的孩子，欢呼雀跃地奔流在苍翠欲滴的山谷崖壁上，给人的是一派空灵翠绿、生机勃勃的景象；而当夏日来临，瀑布水量增多，声势渐壮，水流跌落在瀑下岩石上，激起水花万朵，如银珠万斛，四处抛洒。而其细微之处，水流有如帘幕一般，垂落下来，有如断线的珠子，滴落入潭，令人玩味无穷；金秋季节，山谷坡地，万紫千红，若一幅浓重的油画，诺日朗瀑布在一片片红叶、黄叶之中，分成无数股细流，飘然而下，景色最为迷人；若至隆冬时节，瀑布则从流动状态，转变成固体状态，诺日朗瀑布成了一幅千姿百态的冰瀑画卷。

由诺日朗瀑布经镜湖前行，就到了九寨沟瀑布群中的又一大瀑布，珍珠滩瀑布。

珍珠滩瀑布，从某种意义上讲，类似于黄果树瀑布中的螺蛳瀑布。它不完全是一个翻崖落下来的跌水，而是上有一个约二十几度倾角的滩面，瀑布先在滩面上缓缓流淌，由于滩面由钙组成，钙华表面又有鳞片般的微小起伏，当薄薄的水层从滩面上淌过，在阳光照射下，若万颗明珠，闪着银光，故得名珍珠滩。珍珠滩上由于水流较缓，滩面较平坦，所以游人可脱靴赤足在滩上行走，但由于瀑水由雪山融雪之水汇流而成，故水温较低，即使盛夏时节，漫步在珍珠滩上，亦觉得寒气逼人，令人发抖。

珍珠滩下，水流开始从一高40余米的悬崖上跌落下去，形成著名的珍珠滩瀑布。珍珠滩瀑布在平面上呈一个弧形，向上游凹进。

九寨沟风光奇丽，这美丽的景观又是怎样形成的呢？这就要从地质学的角度来寻找科学的答案了。

　　大约距今200～300万年的时候，整个地球进入第四纪冰川期，那时的九寨沟一带冰川活动十分频繁。冰川的进退与气候的变化有着十分密切的关系。在第四纪时期，气候变化非常剧烈，海平面亦随之升降。温暖时，冰川便向后退缩，冰川最前头——冰舌上携带的大量冰碛物便停留下来，堆积成坝，这就是所谓的冰川终碛物。而当气候变冷时，冰川又得到重新发育，于是又向下游延伸，或者可以达到前一次冰川终碛物之下游，或者可以在前一次冰碛物之上游。这时，气候又一次转暖，冰川再一次消融后退，于是就留下了另一道冰川终碛物。显然，冰川发育越好，携带物质越多，形成的冰川终碛物越多，堆积的坝相应亦越大。由于第四纪气候频繁变化，时冷时暖，幅度又不一，故可形成大小不一的许多冰川终碛物，九寨沟地区亦就发育了许多坝。这些坝大小不一，有的长达200余米，有的不足一米，有的高达40余米，有的只有几十厘米。自大理冰期（最后一次冰期）过后，大约距今一万年来，开始进入全新世时期，气候开始持续上升，冰川渐渐退缩，终于消失，留下的只是许多冰碛湖——即九寨沟中无数大小不一的海子，由于冰碛物较为坚实，不易透水，其上的海子所以不会干涸。海子中的水过多而满溢出来时，便形成了瀑布。瀑布规模大小视坝的高低长短而定。由于水量充沛，天长日久，这些海子四周的坝、滩和坡上，渐渐生长出树木花草，飞禽走兽亦继之而来，于是，一个仙境般的九寨沟就这样形成了。

　　神奇美妙的九寨沟瀑布群，真像人间仙境，妙不可言。

福建九龙漈瀑布群

　　九龙漈瀑布被誉称为"福建第一，华东无二"，它位于周宁县七步溪下游，相传这一带原是九龙的故乡，故而得名。这里危峰断峡，悬岸耸立，涧深谷幽，水转峰回，一个由大小13级瀑布组成的罕见瀑布群，就如群龙争壑般地结集在一公里的溪流内，连成了一个在国内诸多瀑布中最具规模的多级阶梯式瀑布群。

　　景色多姿多彩的九龙漈瀑布素有三奇。

　　第一是瀑瀑相连，异趣迭出。这也是九龙漈瀑布的最大特色。站在公路上，首先映入眼帘的是第一组大小三级相连的瀑布，像一匹匹白练从天而降，轰然向前。最大的一级瀑布高46米，宽76.32米，水量大时可达80.5米，瀑水腾起的薄雾飞散在一二百米开外。它的规模大致与黄果树瀑布相当。距此不远，又是一组大小三级连缀的瀑布——龙牙瀑。崖间，一块巨岩突兀而起，把瀑水撕成两半。巨岩颇似"龙牙"往下直拱，拱出了一个近千平方米的深潭，水面平静，石滩广阔。在潭中泛舟观瀑，水涌不走，瀑冲不到，实在是妙不可言。

　　第二奇是落差巨大，福建第一。瀑布群由大小13级17瀑组成，流程不上一公里，而落差却达千米以上。就以第二级九龙漈瀑布为例，高46.7米，飞瀑排空而下，声如鸣雷，溅起一二十米的浪花，腾起一二百米的薄雾。由于断层广泛发育，升降明显，造成瀑布群地势险要，流程远，落差大，水流湍急。溪水从跌宕的岩层中倾泻而下，一瀑紧接一瀑，各瀑形态迥异。一至三级雄浑壮阔，气势磅礴；四至六级逶迤曲折；七至九级瀑面由宽变窄，峡谷把溪水拧成水柱，直捣龙井，轰然作响。尤其是十至十三级最壮观，溪水从60余米高的悬崖之巅扑向谷底，瀑花翻卷，雾气缭绕，造就了长达220余米的"银河"奇景，令人称奇叫绝。从谷底移步骆驼峰麓，可一眼望见滔滔滚滚的一串飞瀑展览；八、九级瀑布连成一线，更令人叹为观止。

　　第三奇是峰异石怪，沿环瀑山路行走，四野峻岭簇拥，宛若几条青龙卧于山中。雾霭轻罩，山色由青渐蓝，由深而浅，给人一种龙身攒动之感。鲤鱼峰、鸡冠峰、骆驼峰相偎而立。草木轻裹，岩壁陡峭，远观近看，姿态迥异，变化万千。峡谷间，有数十块巨石卧于溪中，大小相近，如乌龟爬行，人曰"群龟石"。四折瀑下，有一巨大圆石，叫"龙珠"，乍一看，四折瀑像巨龙倒悬，口含龙珠。此外，尚有鸽子峰、金牛峰、金鱼峰。若攀至骆驼峰顶，九龙涤瀑布群的全景尽收眼底。山花烂漫，瀑泉争流，霓虹隐现，好像置身于画卷之中，令人陶醉。

浙江中雁荡山瀑布群

在浙江众多山青水秀的风景中，"东瓯三雁"颇负盛名。其中北雁好峰，南雁好洞，中雁却兼有峰岩溪瀑之景，尤其奔流飞泻于山峦崖岩之中的瀑布，数量众多，形态各异，实为奇观。

中雁荡山，原名为白石山，道书上称为白石洞天。中雁荡山出名较晚，历代虽有不少名人雅士，游历中雁，但时至今日，中雁之名远远不如北雁。但其景致灵秀万状，应该说比北雁略胜之。

中雁荡山瀑布群，主要有梅雨瀑、连珠瀑、双龙瀑等数十处，瀑布景色各具特色，值得一游。

中雁荡山有东、西两漈景区。东漈长约5华里，共有七折，自东北而到西南，在漈口而坠入钟潭。东漈以水流曲折、瀑泉争鸣、龙潭幽深而见长。

梅雨瀑即在幽深曲折的东漈之中，东漈流经三个曲折后，蓦然翻崖而下，形成瀑布。其高达30～40米，宽约20余米，悬空飘散，水雾弥漫，状如盛夏之梅雨，故名梅雨瀑。

梅雨瀑之下，有一大水潭，日光斜照之时，五彩缤纷，夺人眼目，取名为梅雨潭。潭之四周，石岩环立，潭中之水，深不可测。上承飞瀑，下出平崖，常年不涸，潭上左右，皆为石壁斗立。

连珠瀑又名龙首潭，位于玉甑峰西南5里，因地居龙山头，所以称龙首。

溪水从上游流来，经两崖连续翻落跌水，形成两瀑三潭。两瀑若两条素练悬空，飘然而下。三潭若三颗明珠串连一线，故有连珠瀑之名。

三潭之中，上潭口阔，较圆；中潭较长，且大；下潭最巨，其状横列。

双龙瀑又名双龙潭或石莲潭。位于东漈谷低，由两个连续跌水组成。

每一跌水之下，皆有深潭，峭险幽邃，人不敢靠近。潭上石块皆如莲花状，故又名石莲潭。

中雁荡山尚有其它一些瀑布也很秀美，如九曲龙街瀑布就是其中之一。此瀑形如其名，瀑面曲折跳跃，十分奇特。这也是旅游观景的好地方。

楠溪江瀑布群

楠溪江是瓯江下游最大的支流，全长145公里，位于浙江省东南部的永嘉县境内，楠溪江风景区占了楠溪江全长的三分之一。风景区内主要有8条小溪流：大楠溪、小楠溪、鹤盛溪、孤山溪等。众多的溪流，加上陡峭起伏的地势，为楠溪江瀑布群的形成，提供了基本条件。

楠溪江之美，在于水美、岩奇、瀑多、村古。瀑布之多，当不下百余处。具有观赏价值的较大瀑布，就有50多处。若深入山区，再逢雨季，瀑布就更多了。

楠溪江瀑布群主要有百丈瀑、石门瀑、藤溪诸瀑等。

百丈瀑又名虎穴百丈瀑。瀑高124米，仅次于大龙湫瀑布。百丈瀑崖面内凹，三面陡立，形势雄壮幽秀。瀑布自高崖下飘然落下，洋洋洒洒，舞姿优美。瀑下水潭，深不见底，瀑布跌处，白浪翻滚，迷蒙一片。瀑声似吼，如雷贯耳。

四季雨水多寡不一，瀑布之水，时大时小，其形态则呈各样，有的如万马奔腾、银河倒泻，气势非常恢宏。有的则是素练悬挂，秀媚飘扬，犹如含羞少女，清丽无比。百丈瀑之景，堪称楠溪江一绝。

石门瀑又名石门台九漈瀑。

石门台九漈瀑在两公里长的溪流中，数次跌水，形成9条形态各异、大小不同的瀑布，具有相当的观赏价值。因处峡窄山高，水急石多之地，林木葱茏，奇峰点缀，异石危立，更添无穷野趣。

从上而下，第一级在陶公洞北约两公里处，至漈口跌水，落差约10米，宽约2米，可谓是九漈瀑之首了。第二级，落差亦约10余米，瀑下有一碧清水潭。至第三级，林木甚密，瀑布掩蔽在绿荫丛中，形态难见，真容难辨。只听见水声咆哮，气势不凡。瀑布约从10余米的高崖上跌落深潭。石门瀑第四级及第五级，均高10米左右，下有深潭。

　　自第六级起，石门瀑在此分支。瀑布从高达10余米的崖壁落下，中受一顽石阻隔，分瀑布为左、右两支，流支下部，瀑布又散而复聚。

　　至第七级，瀑布沿一倾斜悬壁飞泻下来，高达30多米。跌落瀑下深潭，溅起水珠无数，雾烟弥漫，备感清凉。瀑潭四周，绿树成荫，不见天日，西侧有奇峰兀立，或挺拔秀丽，或雄浑博大，相映相衬于飞瀑碧潭，景色奇趣。融雄奇、险峻、清幽、秀丽于一体，便是第七级瀑布的特色。

　　石门瀑之八级，自石门台流出即遇巨石及陡坡之阻，分成两股后，向下流去。至最后一级，即第九级时，瀑布下跌过程中，遇凸出岩石，形成四叠，下有深潭，高达40米左右。

　　藤溪由于植被茂密，水量集中，地表岩石多节理，形成无数岩坎及20多处大小瀑布。其数量与形态，均可与石门台九漈瀑媲美。此外，还有打鼓瀑、五星瀑、连缸瀑、三折瀑、横虹瀑、打锣瀑、杯盏瀑、龙抢瀑等等，瀑虽不大，但景色各有千秋，其美无比。

四川银厂沟瀑布群

银厂沟位于四川省彭县九峰釜腹地带，全长约20公里。银厂沟自然风景区内，山高谷深，瀑泉争鸣，树木蔽日，怪石嶙峋，风光旖旎。银厂沟之南北有天才、长年、白虎等9座4000余米高的山峰，俗称为九峰山，更为银厂沟增雄奇之景。故游人赞叹银厂沟之风光，兼备泰岳之雄奇，黄山之奇峰，更具匡庐、雁荡之飞瀑。银厂沟风景，尤以飞泉瀑布为最佳。

从银厂沟口的大海子至长河坝的短短14公里的盘山公路两侧，可见到10多条落差不等的瀑布，其中落差达50米以上的大瀑布，就有7处，这些瀑布各有特色，自成一景，游人至此，叹为观止！银厂沟瀑布不愧为西蜀的一座天然瀑布公园。

银厂沟瀑布群中，以沟中段即从小海子往上至长河坝一段游览线上，景点最多，瀑布最佳，其中具代表性的有百丈瀑、落虹瀑、冷风崖瀑布、三叠瀑、珍珠帘瀑等。

百丈瀑是银厂沟瀑布群中最为壮观瑰丽的一个瀑布。它位于长河坝下游，奔腾不息的长河之水至此，遇着一个悬崖，河水从崖上翻落跌下，水量亦充沛，巨量的瀑布之水体从上而下，击石入潭，发出的轰鸣声，响彻山谷。跌水溅激起的浪花水雾，高达数十米，景色十分壮观。用"飞流直下三千尺，疑是银河落九天"来赞美百丈瀑，实在是太确切了。

从百丈瀑上行不远处，便又可看见一个姿态妩媚多变的瀑布，这便是落虹瀑。落虹瀑是一个两级瀑布，第一级在银厂沟峡谷的上方，第二级则位于银厂沟之中，高约90余米，宽达10多米。落虹瀑从绝壁上跌落而下，被分割为三股水流，宽达10多米。落虹瀑从绝壁上跌落而下，被分割为三股水流，宛若三条素白洁净的帘幕飘悬在高崖山谷之中。每当天气晴朗，阳光灿烂，云雾消散之际，落虹瀑左侧的幻影崖上，会出现一条半圆形断断续续的彩虹，若隐若现，神秘莫测，为落虹瀑倍添神采，故被游人称誉为"神光"，是银厂沟风景中的一大奇观。

冷风崖瀑布，又称珍珠瀑布。瀑布从高约30多米的崖壁蓦然翻落跌下，形成宽约5米的瀑水，像一条白色巨龙，直泻下来。远远望去，冷风崖瀑布，若匹练遥挂，银河倒泻，翻空涌雪，声吼如雷，气势不凡。

银厂沟风景区内，除上述三瀑外，其它尚有许多瀑布，均自有风韵，各成特色。

银厂沟瀑布群，将随着时间的转移，渐渐为世人熟知，成为一个继九寨沟之后的四川又一个风景佳境，是人们旅游观光的极好地方。

安徽天柱山瀑布群

天柱山位于安徽省潜山县境内，天柱山体形势险峻，大部分为中生代花岗岩组成。由于天柱山峰奇、石怪、泉瀑洞崖，各具姿态，故自古以来就是我国一座闻名退迩的名山。

天柱山风景主要以峰石著名，还有不少瀑布景观，主要的有雪崖瀑，又称琼阳泉。为江家坂马峡九井河中游河道上的一处跌水。源于天柱山的河水向下奔流，一跌而成激水，自激水再下流一里许，河水又从崖上跌落，水流层层跌落，相激溅起水花雪涛，又因崖石近于白色，故得其名。当河水大时，雪崖瀑水势湍急，轰声如雷。而河水枯小时，雪崖瀑变成了细薄水层，溅起的水花，如碎玉摧冰，晶莹透澈，十分秀气。雪崖瀑可算是天柱山诸瀑中，最多姿多彩的一个。

沿九井河再向下行，河水又一次跌落，此为第三激流，名贺坂泉。贺坂泉下又一次散泻，即成梁公泉。河水至马峡谷口，又回转奔泻而下，形成龙潭瀑。龙潭瀑分成两支飞泻而下，若双龙戏水，喷云吐雾，蔚为奇观。

大龙潭飞瀑亦是天柱山飞泉之一。其高数十丈，阔十余丈。游人翻过大关至水吼岭，闻山岭左侧有水声轰响，数里之外亦能听见，走近一观，方知是一阔有丈余之瀑布，这便是大龙瀑瀑布。

天柱山还有两瀑，一曰黑虎泉瀑布，游人由三尖岭大路登山，远望白水湾北峭壁间，白练百丈，悬空而挂落者，即是黑虎泉瀑布。另一瀑布龙井瀑，其位于龙井关，瀑布高达百余丈，是天柱山东山区的天然胜景。

天柱山水帘洞瀑布很值得一游。在天祚宫右有四井崖。四井崖下有一洞，洞门高丈余，洞外即为龙潭四井。梁公泉从洞口飞落而下，有如垂帘，形成优美奇特的水帘洞瀑布。其美无比，使人赞叹不已。

井冈山瀑布群

  井冈山，地处湘赣边界的罗霄山脉中段，以其雄峻的山峦，突兀的危岩、奇特的岩洞和龙潭瀑群等诸多天然景色，构成了一幅壮丽的图画。

  进入龙潭风景区的月洞门。环望四周，一片苍翠秀丽景色。再看对面，那奔腾的五神河水，宛如一条蛟龙，在碧谷深潭间，曲折蛇行着，时而显出身影，时而又藏匿了起来。五神河的动人景色，把游人吸引到河谷的底部。

  来到河谷底部，刚刚站定，顿觉林木蔽日，山壑深秀，一股凉气直向周身袭来。一抬头，才见在那五光十色的石壁和石林的衬托下，龙潭瀑群中最大的一个——碧玉潭瀑布，宛若一条银色的巨龙，从数十米的高崖之上，猛坠下来。汹涌的水流猛击着刀削斧劈般的峭岩，激溅起无数的飞花碎玉，万颗银珠，抛洒在游人的头上身上和周围的潭、岩之上，有"疑是龙池喷瑞雪，如同天际挂飞流"之感。水石相撞，发出轰轰巨响，震得山谷颤栗，地面抖动，又像是到了"寒入山谷吼千雷，派出银河轰万古，广寒殿上银蟾飞，水晶宫中玉龙舞"的诗意画境之中。

  顺潭下行，游人依次可见涓帘飞垂的锁龙瀑，喷珠撒玉的珍珠瀑和银沫浇洒的飞凤瀑等多处瀑布。条条瀑布，有大有小，有高有低，有娴静者，有粗暴者，姿态各异，风韵不同。井冈山龙潭瀑群的特色，并不在于其高大雄壮，而是在于"小而群，秀而奇"。在不到两公里的距离内，龙潭瀑群有五瀑五潭，可说是井冈山第一胜景了。

  井冈山除龙潭瀑群之外，还有一处瀑布名白龙瀑，可供游赏。白龙瀑位于距茨坪大约10公里的镜狮面。

  白龙瀑带着非凡的气势，跳落高崖，跌入深谷之中，激起水烟云雾，弥满山谷，此时，斜阳射下万道金光，那充满水云的幽谷之中，便形成了道道七彩霞虹，把山谷装点得一派神奇绚丽景色。

若游人登上半山腰的观虹台，此时再看白龙瀑，又是另一番景色了。只见那80多米高的银色巨龙，半截在深谷，半截在天上，而游人脚下的观虹台，恰似一叶悬浮在半空之中的扁舟。俯身观瀑，果然可见一条色彩缤纷的彩虹，横跨山谷之中。

白龙瀑之奇，据说除其水流湍急，彩虹横空之外，还有一奇景叫间息瀑。当游人站在瀑底深潭畔，抬头凝神细看，可见飞流直下的瀑布，每隔半分钟左右，就哗地变换一次流量，涌起的水柱，亦随之忽高忽低，变个不停，而且循环往复，很有节奏。忽聚忽散的现象，在一些瀑布中是时常见到的，但极有节奏的流量变化，在国内瀑布中实属罕见。井冈山瀑布群以奇特的天然景色，构成了一幅壮丽美妙的图画，令人神往。

广西花坪瀑布群

　　广西桂林花坪瀑布群坐落在花坪自然保护区内，最为著名的是瀑布景观，这个素称"植物王国"的保护区，还有另一个美名，南国瀑布之乡。这里大小瀑布不计其数，仅较大的瀑布就有五六处，如小滩双瀑、红滩瀑布、平水江瀑布、瑶人冲瀑布、白水滩瀑布和长明湾瀑布等。

　　小滩双瀑，位于红滩河上游瑶人湾河与板凳河汇合处。瑶人湾河，水势湍急，河床坡降大，只见一条高达10多米的瀑布，如玉龙坠潭，飞下高高的崖壁，直落潭中，激起烟雾，迷濛一片，发出阵阵轰声，响若惊雷。而板凳河则水势缓慢，山岩经过两处断裂，约有8米高的瀑布，如白练飘然而下，姿态窈窕，宛若一个翩翩起舞的少数民族少女。相比瑶人湾河上的瀑布，此瀑显得轻盈秀气得多。两瀑随着各自的河流，本无联系，然而到了小滩之处，两瀑双双落下，同入一潭，组成了小滩双瀑的优美风景。

　　站在风雨桥上，可俯视花坪瀑布群中的另一瀑布——红滩瀑布。只见红滩河和笔架河从山涧奔腾咆哮而来，在桥下汇成一股急流，冲破巨大的石块，切开坚顽的崖壁，从20多米高的悬崖上飞泻而下。由于水量较大，红滩瀑布显得气势雄壮，不见其景，只听得轰轰水声。走近一看，则白练高悬，翻崖而落，激起千堆雪浪，水花四溅，烟雾团团，煞是一派不凡之景色。

　　再从红滩出发，翻越陡峭的红毛岭，前行约两小时，登上红岩山，便可远远望见粗江白水滩瀑布，只见一条瀑布，约有200多米高，从高高的陡崖上飞泻而下，上部尚成瀑布急流，而至下部，水流与陡壁相激，瀑布已变成一阵烟雾，飘飘扬扬，难言其妙处，它似乎有点像雁荡山之大龙湫，多姿多彩，仪态万方。在远远眺望，便觉气势不凡，别有一番风韵，倘若再前行近观，则更令人心驰神往。

　　红滩河、陶善河和瓦江汇合三叉河，再源源不断地流入平水江。平水江有一条支流，流经一处40多米的高崖绝壁，便奋然翻崖而飞泻直下，若雄鹰搏击，似长空飞练，在阳光的照耀下，银光闪闪，夺人眼目。

　　花坪自然保护区内，不仅是瀑布景观到处可见，而且高山环峙，深谷幽静，瀑泉争鸣，百花齐放，万紫千红，它像南国一颗秀丽的明珠，闪烁着耀眼的光彩。

广东西樵山瀑布群

西樵山瀑布群位于南海县的西樵山，它距广州近70公里，是个群峰叠翠的古火山，有大小山峰72座，瀑布28处，景色甚为优美秀丽。人们常说"南粤名山数二樵"，而西樵山就是其中的一樵。

西樵诸瀑中，以"飞流千尺"的大云瀑最为著名。它位于白云洞深处，危崖凌空，地势险峻。瀑布自峭壁飞泻下来，如匹练悬空，银河溃决，飞花堆雪，蔚为奇观。云瀑之顶，有一峰傲立，摩崖大书"飞流千尺"四字。字体稳重，笔法遒劲，颇见功底，更使大云瀑声振南国。

与"飞流千尺"合称西樵山四大名泉的玉岩珠坑、云岩飞瀑和云路铁泉，景色各呈佳妙。玉岩珠坑位于西樵山之碧玉洞，是西樵山的第一大瀑。在珠、玉两峰之间，泉水飞泻奔出，喷吐着阵阵烟雾，撒抛着万斛玉珠，景色奇美。

云岩飞瀑在西樵山东面的"喷玉岩"，岩壁上飞水成帘，清韵悦耳。水帘入潭，激溅起团团云雾雨烟，构成一幅迷人的山水画。"云路铁泉"在西樵中部的"锦岩"铁泉峰之下，水石亦颇清秀。

除上述四瀑外，西樵山还有龙涎瀑、云外瀑、左垂虹瀑、右垂虹瀑等20多处瀑布，共组成西樵山28瀑。各瀑形态不一，各具特色，到此观瀑，情趣特好。

肇庆鼎湖山诸瀑

鼎湖山包括鼎湖、三宝、凤来、莲花、白云、鸡笼、伏虎、青狮等10多座山峰。因山之顶有湖，湖水碧清洁净，四季不涸，所以称鼎湖山为顶湖山。

鼎湖山不仅山峰奇秀，更有泉瀑深藏，山水之景甚秀。鼎湖山亦以其"鼎湖幽胜"之美名，被列为岭南四大名山之一。

观赏鼎湖山诸瀑，可先至后龙山，这里有许多瀑布深藏，其中以飞水潭瀑布最为壮观著名。人们登上潭顶的观雪亭，由此观瀑，只见溪水翻崖降落，若白练垂挂。那瀑布向左侧奔突而下，被巨石阻挡，瀑布分成三股，喷雪吐雾，轰然而下，那主瀑，像一条玉龙天降，蓦然跌入深潭，激起无数水花雨雾，四外飘散。把飞水潭附近变成了一个清洁小世界。游人至此，暑气顿消，确有清凉无暑气的感受。在炎热季节，会游泳的人可以跳入飞水潭中畅游一番。

1917年，孙中山先生曾与爱国华侨共游鼎湖山，在飞水潭中游泳，并题写了"众生平等，一切有情"的木匾。潭边崖壁还有章太炎的题写"涤瑕荡垢"四个大字。

沿山径继续前行，只见满目浓碧，溪流淙淙，瀑布相连，水气迷濛。几乎每登高几十米，就可见到一处瀑布，由于山势和水潭形状各异，瀑潭之名形象贴切，有的叫白鹅潭、有的叫跃龙潭、有的叫水帘洞等等。游人来到水帘洞前，但见一个圆圆的碧潭，四周悬崖如削，好像进入了一个天井。这里，平时很少能照射到阳光。水帘瀑布便从崖壁的一个缺口处飞泻而下，由于飞流倾注之处，有岩石向外突出，故而形成了一排绣珠缀玉般的水帘，晶莹透明，惹人喜爱。水帘后面，是一条狭长的通道，恰好可以容身，穿过迷迷濛濛的水雾，顺着环绕水潭的小径，钻进洞内，方见洞中亦有雪珠冰花，四处激起，使人顿感周身凉彻！

游览飞水潭瀑布等鼎湖山诸瀑，会使人心旷神怡，久久不能忘怀。

镜泊湖吊水楼瀑布

　　吊水楼瀑布，也叫镜泊湖瀑布。它位于黑龙江省宁安县西南，从牡丹江市向南经古城宁安，再西行抵达东京城后，便可到镜泊湖的北湖头了。

　　镜泊湖是一个充满诗情画意的湖，它东有老爷岭，西靠张广才岭，镜泊湖就像一面明镜，镶嵌在两座山岭之间。湖面延绵百余里，又称为百里长湖，两岸峰峦叠翠，湖面明静碧绿，兼具湖光山色之美的镜泊湖，素有珍珠门、道士山、大孤山、小孤山等八景。

　　吊水楼瀑布，实际上是同坠入一潭的两个瀑布，其高约20～25米，宽达42米左右。由于吊水楼瀑布是我国纬度最高的瀑布，所以，四季中以冬夏之景，风韵尤殊。每当夏季洪水到来之时，镜泊湖水从四面八方漫来聚集在潭口，然后蓦然跌下，像无数白马奔腾，若银河倒悬坠落，其轰声如雷，数里之外便可听到；其势之磅礴，近观令人振奋激昂。那溅激起来的团团水雾，漫天飘洒，游人站立在观瀑亭上，可欣赏到水雾烟云之中霓虹隐现，甚为奇观。

　　吊水楼那两条翻腾滚跃的瀑布，宛若两条出海入潭之蛟龙，喷云吐雾，把镜泊湖弄得更具神奇色彩了。而当寒冬腊月，北国大地一片白雪茫茫，镜泊湖水已冻结起一层厚厚的冰，阳光照射在湖面上，正如照在一面银镜上一般，闪出耀眼的光芒。尽管湖面已结冰，然而湖水仍在冰层之下流动着、聚集着，临近深潭时，依然翻崖跌落，状若一匹白练，从崖顶挂落，形成冬季的吊水楼瀑布景观。当然，银装素裹下的吊水楼瀑布，没有像夏天那样磅礴的气势，更多的是秀丽潇洒的风采。

　　吊水楼瀑布的美，并不仅仅在于其本身的形态优美，而且还在于其上游有镜泊湖衬托着它。吊水楼瀑布的形成亦与镜泊湖的历史密切相关。在非常遥远的史前洪荒时期，大约距今8300～4700年前，在今天的宁安县境内，地壳运动十分强烈频繁，火山连续爆发了5次，从10个火山口流出了大量的岩浆，阻塞了滔滔奔腾的牡丹江水。冷却后的岩浆堆积在牡丹江河道上，像一座大坝一样把牡丹江拦腰截断。坝上游河段便形成了火山堰塞湖——镜泊湖，湖水又通过熔岩坝的一些断裂缝隙，渗流出来，跌落崖壁，于是便形成吊水楼瀑布。

镜泊湖由于是由牡丹江被阻塞而形成的，故其形状仍保留一些河道的特点，它不像一般的湖泊，或呈圆形，或呈半圆形等，而是像一条宽窄相间的绸带一般，嵌在群山之中。其长达45公里，最宽仅6公里，最窄处不足1公里，上游有来水进入，出水可通过吊水楼瀑布，向下游流去。

夏季江面正当炎热高温，酷暑难熬。而镜泊湖一带却是一个清凉世界，平均气温只有17度左右，与人体感觉最舒适的18～20度左右的气温，是十分接近的。而且，镜泊湖一带全年风力的最低点，亦在夏季，平均最大风速也只有每秒一米左右，全年平均有百分之三十以上的时间里是没有风的。因此，镜泊湖通常不起哪怕是很小的波澜，平静如镜的湖面，倒映翠绿的层林叠峦，无论在阳光直射下，还是在晨曦斜阳里，或是在皓月当空、清辉如练的月夜里，镜泊湖和吊水楼瀑布，都是一个令人陶醉的世外仙境。

相伴吊水楼瀑布的景观，不仅仅是柔静的镜泊湖，还有奇特地下溶洞景观和地下森林景观。这极其优美的自然环境，不仅在东北是佼佼者，在全国诸瀑布中，也颇具特色，名列前茅。

吉林长白天池飞瀑

吉林省长白山，不仅有著名的天池，而且还有闻名全国的长白瀑布。

长白山主峰白云峰，山势险峻巍峨，是一个活火山口，至今仍有地热外溢，山顶积水成湖，形成白头山天池或称长白山天池，它是松花江上游二道白河的河源湖泊。天池从北面缺口——阀门流出后，便称为乘槎河，夹流在天豁峰与龙门峰之间，全长1250米。乘槎河尽头，遇陡崖而坠落，便形成高达68米的长白瀑布。

长白瀑布，随山势而倾泻，粗壮时若大海倒悬，天河决口，雪涛滚滚，气势磅礴；细窄时又如匹练悬挂，悠然飘扬。长白瀑布由于落差大，瀑布落入底下幽谷深潭时，溅激起数丈高的水柱白浪，似雪堆崩飞，升腾起云霞雨烟，扬扬洒洒，四处洒逸。若走近瀑布，由于长白山天池之水较冷冽，瀑布激起的烟云亦寒气袭人。身置一片迷离之中，不觉是天上还是人间，乐趣不是笔墨所能表达的。

长白山胜景除长白瀑布外，还有风景优美的洞天瀑布和白河瀑布。在岳桦阴翳的长白山东麓山地苔原带下缘，还有一个落差为20多米的著名瀑布——岳桦瀑布，它位于三道白河的上游。另外，还有紧江上游梯子河上的三级瀑布——梯河瀑布。每当春夏之交，冰雪融化，瀑布悬落千丈有余，与长白瀑布遥遥呼应。

作为长白山第一胜景的长白飞瀑，还有一个最大的特色，就是一年四季水流不息。要知道，这在海拔2100多米的高纬地区，是非常少见的。隆冬季节，天池湖面封冻，但湖水从冰层底下溢流出来，进入乘槎河，乘槎河河床坡度大，地势险，水流湍急，不易冻结，因此长白瀑布即使在严冬腊月里，亦能翻云作雾。

山西娘子关瀑布

娘子关瀑布，位于山西省东部平定县城东北，因位于太行山的著名关隘娘子关附近而得名。娘子关是晋冀两省的交界处，扼踞三晋东面门户和交通咽喉要道，形势十分险要，素有天险之称。

离娘子关城堡东门约300米，就可至妒女祠和娘子关瀑布了。妒女祠前即为娘子关一带的最大瀑布——水帘洞瀑布。由于娘子关附近地下水源极为丰富，泉眼甚多。水帘洞瀑布，就是一个方圆约20米的巨大泉眼中涌出的水流，因无积水盆地，翻滚起来的泉水没有地方容纳，于是从旁边一个数十丈高的陡峭的洞壁上直泻下去，汇入桃河，形成水帘洞瀑布。

寻幽静小径可下到桃河河谷，再抬头仰看水帘洞瀑布，只见瀑布宛若一匹白练从天飘然而降落于桃河河谷。瀑布在下跌过程中，时而急流而下，时而又为顽石所阻，水石相激，溅起浪花无数，四处飘洒，而且迸发出雷鸣般的声响。若再绕道去对岸山腰观赏水帘洞瀑布，则又可见到水帘洞瀑布的另一番景象了，那被水烟云雾笼罩得一片迷蒙的峡谷，在阳光的照射下，形成了道道七彩霓虹，横跨峡谷，绚丽多姿，蔚为奇观。

在中原大地上，一般很少能欣赏到瀑布争流、泉溪争鸣的清丽秀幽景色，然而，娘子关的水帘洞瀑布却具备了这些当地一带少有的妩媚景观。难怪金代大诗人元好问、现代学有郭沫若游览娘子关以后，都作诗赞美水帘洞瀑布的秀美。

黄河壶口瀑布

壶口瀑布坐落在万里黄河之上，是一个华夏闻名的大瀑布。

壶口瀑布西濒陕西省宜川县，东临山西省吉县，位于两省的交接处。黄河流经这一带地区，渐渐变窄，两岸由于河床下切而呈峡谷。壶口峡谷底宽约250～300米，谷底以上百余米处，崖岸陡立，在龙玉坡以上，谷形则宽展平坦，壶口峡谷宛若谷中之谷。黄河在宽阔的河槽中突然奔放从来窄到深槽之中，不禁倾泻而下，形成瀑布。从平面上看瀑布全景，它的确像一个巨大的壶口，翻滚倾注着滔滔黄河之水。壶口之名由此而来。

壶口瀑布的高度一般在15米至20米之间，虽然在我国众多的瀑布中，高度不算很大，然而，壶口瀑布的水量却是我国瀑布之中最大的，巨量的河水，似银河决口，大海倒悬，万马奔腾似地泻下，那气势，那声响，当是华夏国土上最为雄壮的奇观了！

观壶口瀑布，在数里之外，便可听到壶口瀑布之轰声，瀑布激起的团团水烟雨雾，远远即可看见。倘若走到壶口瀑布的附近岩石上，则觉大地强烈地颤抖，山谷回荡着隆隆的雷鸣般声响，仿佛在河水的巨大冲击之下，大地山谷已觉得无法抵抗，任凭河水肆虐，冲刷岩石，带走泥土，惟有恐惧地抖动着，不停地发出呻吟。

壶口瀑布风光，随四季而变换。春季的壶口瀑布，上游冰雪开始消融，所谓"桃汛"来临。时值桃红柳绿之际，风和日丽，远山开始披上一层淡淡的翠绿。然而，上游的冰凌仍不时飘浮而下，汇聚在壶口瀑布的上游宽阔的河道，继而倾泻跌下，如山崩地裂，琼宫惊倾，激起玉屑冰晶，四处抛洒。此时之水色山光，显得格外妩媚。而当夏季来临，黄河进入洪汛时期，河水水位急骤抬高，反而减低了瀑布的原有落差，从而使壶口瀑布变成了一滩急流。这一现象与瀑布通常在洪季更显得气势磅礴的特性不尽相同，此时去观赏瀑布，则无法见其本色。秋高气爽，北雁南飞，秦晋高原万里无云。登高远望，壶口瀑布的来形去势，一目了然，不禁令人感到心旷神怡。

每当日出，瀑下烟雾折射成道道彩虹，环跨天穹，色彩缤纷，若"桃浪两飞翻海市，松崖雷起倒蜃楼"之梦幻景象。而当大雨滂沱，或阵阵秋雨之后，黄河壶口瀑布，若黄龙腾云驾雾而来，只见风雨烟雾，弥漫天空，天地水三体一色。

至于数九寒冬，秦晋高原往日的黄色大地顿然消失，而披上了素裹的银装，山舞银蛇，真是千里冰封，万里雪飘，一派北国风光，此时之壶口瀑布，已变成一匹白练，尤其令人神往。

要尽情地领略壶口瀑布之气势，当下到河床谷底，蹲到一孔道的半当中，此地再抬起头来，眼前是一幅多么壮观的画面：黄河之水，若自天上降落下来，跌落到顽石之上，溅起无数的水珠，眨眼之间便化成了缥缥缈缈的云雾，在阳光的照耀下，一道道绚丽的彩虹，横跨苍穹。河水随后又冲落进偏西的一个深槽，奔腾着流向下游。此情此景，真好比"涌来万岛排山势，卷作千雷震地声"。

若再靠近瀑布，可发现在壶口瀑布的壶嘴正中，有一块闪亮的石头，似乎在瀑布的急流之中，随水流而上下浮动着，其形状像一只玩水的乌龟，故称为"龟石"。它又像一颗明珠，两侧滚滚跌下的两瀑宛若两条游龙，龙腾而珠跃，形成了一幅极其生动形象的双龙戏珠的图画。

黄河是中华民族的象征，壶口瀑布似乎又是华夏子孙所蕴藏着的无限的内在力量的象征，壶口是黄河的著名天堑，壶口瀑布是万里黄河之上惟一的一座瀑布，它与雄伟多姿的龙门和号称"九河之蹬"的孟门合在一起，组成"黄河三绝"。

那么，这气吞山河的壶口瀑布，又是怎样形成的呢？

任何一个瀑布的形成和发育，是与其所在河流的发育演化紧密联系在一起的，壶口瀑布亦不例外，它与黄河河道的发育是分不开的。在地质时期，壶口之下龙门地区曾发生过强烈的地壳构造运动，产生了断裂，并沿断裂面发生了显著的相对位移，形成走向东西的断层。自北南流的黄河，流经断层时，便产生了瀑布急流。瀑下河床由三迭系砂岩夹薄层页岩组成，质地并不十分坚硬，故日渐被冲蚀，形成深槽。同时，砂岩倾角较缓，只有三四度，几乎近于水平，亦是形成壶口瀑布的重要条件之一。

在瀑布的强烈冲击下，不仅瀑下冲浊出极深的槽潭，且瀑崖亦随之而渐渐后退，这种现象在地貌学中，称为溯源侵蚀。据估计，在朔源侵蚀的作用下，瀑布每年以3～4厘米的速度，向上游后退着，孟门的石岛，就是这种侵蚀作用留下的残存部分。如果按这一速度推算，壶口瀑布在孟门附近时的时代是距今10万年～7.5万年之间。传说"鲤鱼跳龙门"的故事，说的是鲤鱼逆水而上游，若能跳过黄河龙门者，便可化为龙，翱翔在九天之上。如果再按每年3.4厘米的溯源侵蚀速度估算，那么在一二百万年之前的时候，如今的壶口瀑布该在下游65公里之遥的龙门，这样看来，鲤鱼跳龙门的神奇传说，也就有些根据了。

京郊三瀑十八潭

三瀑十八潭位于京郊密云县石城乡，是北方的一个以瀑潭见长的旅游景点。

三瀑十八潭，顾名思义，就是有三大瀑布和十八个水潭。这里有黑龙潭，黑龙真潭、龙戏潭等，因黑龙潭是十八潭之首，加上其潭上瀑布高大清丽，最为壮观。故三瀑十八潭又因此被称为黑龙潭风景区。

整个风景区发育在一条全长约8华里的幽深翠绿的峡谷中，俗称为轱辘谷。狭长曲折，两壁陡峭，溪水流过，或跳跃跌落成瀑布，或略作停息聚成水潭。整个峡谷风景区，总落差达200余米。

很久以来，人们就认为不游黑龙潭，便不算游过三瀑十八潭了。

站在大关桥上，便可听到瀑布跌落黑龙潭的轰轰声响。黑龙潭，为三瀑十八潭的门户，下大关桥沿溪流西行百余米，便来到了黑龙潭飞瀑之下。此瀑高达30余米，瀑水从高大巨崖的间隙中，蓦然翻落，直泻黑龙潭中，黑龙潭飞瀑水以清秀见长，瀑布在下跌过程中，随瀑后崖壁之形势略有起伏弯曲，泻入瀑下一泓清水碧波之中，给人一种秀雅清丽之感，黑龙潭水及其飞瀑之景已足以与庐山青玉峡相比。

黑龙潭水面约有50多平方米，最深处有3米多。古人有临泉心清，临瀑心荡之说，用在黑龙潭之景色，是十分妥切的了。

黑龙潭飞瀑的奇处，还在于其上的悬崖，其南侧岩崖呈弓字型，上有龙头岩；而北侧岩崖壁上像有一只石头老虎蹲着，因此有了"龙守门、虎把关"的传说。

与黑龙潭仅一字之差的黑龙真潭，其各种景观被游人称为十八潭之冠。其上的飞瀑从10多米高的崖壁上，跌落真潭之中。飞花碎玉，纷纷袅袅，峭壁森森，气势不凡。黑龙真潭藏在一巨岩之下，潭口掩蔽在峭壁之间，似露未露，恰似藏在蚌壳中的一颗珍珠。此潭整体好似一个瓷坛，四壁口儿圆，肚大底平，水呈墨绿色。

在黑龙真潭的崖壁中间，有一条宽不过一米，长达30多米的狭长缝隙。缝隙内还深藏两个小潭，一曰"春花潭"，一曰"秋月潭"。名字诗情画意，形容其像含羞少女，深藏闺房绣阁之内，常人难以一睹芳容。据说只有待到春秋两季，才可窥见春花秋水两潭的全貌，想来亦是十分难得。

在三瀑十八潭之中，最高的飞瀑在龙戏潭中。其瀑以百余米高的陡崖上，蓦然飘落，若玉龙飞舞，似银河天降，直泻龙戏潭中，洋洋洒洒，水声隆隆。瀑布与崖石及水潭相击，溅起水雾雨珠，将250多平方米大的龙戏潭弄得迷濛一片。水烟深处，使人疑有白龙升腾翻滚，故名龙戏潭。

除上述三瀑三潭之外，黑龙潭风景区内尚有诸多的胜景。如珍珠串是一条瀑布连接串过三个深潭，景色绝妙。而从珍珠串往前不远，有一水潭，深不可测，故称无底潭。瀑潭以外，还有刺猬石、龙劈石等石景点。

三瀑十八潭之风景，可归纳成三字，新、奇、险。在8里长的幽谷中，瀑布龙潭之多，而且每一瀑潭，景色各异，绝无重复，在华北是首屈一指的观瀑旅游胜地。

崂山双瀑山海观

崂山是道教三大名山之一，山体由坚硬的花岗岩构成。由于花冈岩的垂直节理发育，因此，在长期的风吹雨蚀作用下，易形成浑圆状的球状体，故崂山怪石奇峰，随处可见。崂山濒临大海，具有山海奇观。从崂山的东部和南部均可观赏黄海，居高临下，以观沧海，烟波浩荡，横无际涯，岛屿点点，渔帆穿梭，别有一番风光。崂山水源十分丰富，山上涧壑纵横，飞瀑涌泉，比比皆是，尤以龙潭瀑和潮音瀑最为著名。

龙潭瀑是崂山最大的瀑布，沿崂山南部公路前行抵八水河，这里因汇八涧之水而得名。

龙潭瀑布分成两股，从30多米高的陡壁上跌落，呈一个八字形，与上游汇合的八条涧水相映成趣。由于此处悬崖峭立，落差大，尤当大雨初过，山洪暴发时，瀑布水量陡增，飞滚而下，似两条玉龙，从天而降，搅起漫天水雾，如雨似雪，摧珠崩玉，飞花四溅，又似天山雪崩，大海倒悬。在阳光照射下，弥漫于瀑布之外的水星雾幔，形成一道道彩虹，蔚为奇观。

崂山诸泉中，以天乙泉为最高。天乙泉水依山势而下，一途汇集诸多细流，水势益壮。突然遇断崖绝壁，乃飞倾而下，形成数十多米高的潮音瀑。

潮音瀑实分两迭，两迭之上，尚有一小折，故形成优美的"S"型。瀑布注入半壁的凹盆之中，声吼如潮，故得名潮音瀑。宽约3米，高达数丈之瀑布，飞泻潭中，激起浪花无数，在阳光照射下，可发出闪闪银光。瀑下潭水清澈，深不可测，当地人称之为"靛缸湾"。

潮音瀑对面有观瀑亭，在此亭中可正面观看瀑布。瀑布一侧还有一小亭，名叫仙舫，这里有泉水冲泡的茶水供应游客，茶色清冽，水洁味醇。这种用著名的崂山矿泉水冲泡的茶水，对身体健康，大有裨益。

喷云吐雾的黄山三瀑

位于安微省境内的黄山，以怪石、奇松、云海、温泉为其四绝，加上湖、瀑、溪、潭，争奇斗艳，使得黄山成为第一奇山而名扬天下。

黄山，秦朝时称黟山，唐朝天宝年间改黄山。传说轩辕黄帝曾在此山修身炼丹，故得名黄山。黄山的具体位置在太平、歙县、休宁和黟县四县接壤地带。黄山之绝，在于其囊括华夏其它名山景色于一身，尤其是从上世纪三四十年代，对黄山、庐山等我国东部山地的第四纪冰川遗迹的考察，证实了黄山曾有冰川发育的说法，至今在黄山的一些地方仍隐约可见当年李四光发现的冰川遗迹。可以说，黄山不仅具有极高的旅游价值，同时具有相当的科学价值。

唐朝大诗人李白，就作诗赞美这天下奇山，明代著名地理学家和旅行家徐霞客，一生可算游遍神州，游览黄山后，他这样赞叹道："五岳归来不看山，黄山归来不看岳。"将黄山推崇到了顶点！

黄山之水景，美在泉、溪、瀑、潭，瀑布之美，在于三瀑。即九龙瀑、百丈瀑和人字瀑。那么，黄山三瀑，究竟有多少"稀"、"奇"之处呢？

百丈瀑位于青潭峰和紫云峰之间，沿着千尺悬崖垂落而下，宛若一匹白练悬挂眼前，甚为壮观。

百丈瀑在大水和小雨时，景色各异。枯水季节，百丈崖细流涓涓，如轻纱缥缈，素幔舒卷，称为百丈泉，泉上为瀑布水源，下为百丈潭。洪水季节，尤其是大雨初霁时，当山风将飞瀑吹离岩壁，好像无数条洁白绸带在空中舞动，美妙多姿，令人赞不绝口。百丈瀑附近还有百丈台，台上建有观瀑亭，是观瀑的最佳地方。

人字瀑位于温泉疗养院后的紫石。朱砂两峰之间，背后就是摩天接日的天都峰，故人们又称它为"天都瀑布"、"飞雨泉"。

由于山腹隆起，瀑布从两峰间铲出两道沟槽，分左、右两支而飞下，远远望之恰如一个巨大的"人"字，有撇有捺，撇轻捺重。每当大雨季节，瀑布水量骤增，这个巨大的"人"字，就变得丰满遒劲；而当久旱水少，瀑雨细小飘纱，字就变得瘦削苍劲。

近观人字瀑，只见瀑布以万钧之力，轰然而坠落，撞击着瀑槽中嶙峋不平的岩石，又被乱石弹起，喷射高空，散成无数道水帘，纷纷扬扬，四处飘洒下来，搅得满山飞雨，一片烟雾，真是："岩泉晴喷中天雨，风中石乳作飞花"，故古人将人字瀑称为飞雨泉。

九龙瀑是黄山三瀑中最为壮丽的一条瀑布。它位于罗汉峰与香炉峰之间，在云古寺和苦竹溪一带，九龙瀑汇聚了天都、玉屏，炼丹、仙掌诸峰的山泉溪流，壮大了声势，分成9折而从悬崖上飞流直下，每一折，便跌水一次，下面便成一水潭，水潭满溢再继续下跌，形成第二折和第二潭，如此盘旋折叠共达9次，故得九龙瀑之名。

天气晴朗时，峡静水缓，瀑细如线，潭色澄明，从高处眺望，就像一串绿珠嵌在山谷崖壁之间，在阳光的照射下，闪烁着银光，夺人眼目。而当一场大雨之后，九龙瀑的景观完全与往常不一样了，那飞泻而下的9折瀑布，宛若9条龙从天而降，每人一潭，便喷云吐雾一番，9龙游舞之胜景，不禁令人赞叹不已。九龙瀑可与庐山飞瀑媲美。这种9跌9激、曲折盘旋的宏伟气势，在我国其它名山中的瀑布景观中，是较难见到的。

"神龙弄珠"九华瀑布

九华山，是我国四大佛山之一。九华山巍峨挺拔，气吞江河，烟云氤氲，重峦叠翠，景色迷人。

九华山不仅奇峰耸立，幽谷深隐，还有银练飞瀑之胜景，其中尤以龙池飞瀑与碧桃飞瀑最为著名。

龙池瀑布是由悬挂在龙溪上的支流形成的。千尺泉自东蜿蜒而来，九华溪由南滚滚而下，两水汇流于龙潭池即龙池之中。龙池居上华池与下华池之间，呈正方形，和弄珠潭紧紧相连。龙池在水大时，则水淹弄珠潭，池潭浑成一体。

自龙池而下，于龙池西岸观飞瀑。只见千尺泉、九华溪两水相激。卷起雪堆翻涌奔下。由于瀑布落差大，冲蚀力量很强，所以在主谷的谷底形成上、下两个深潭，位置较低的深潭面积可达30平方米。由于浪花翻跃，水珠四溅，大者如水晶球般滚落潭中，小者则纷纷扬扬，随风飘逸，故被称为"神龙弄珠"奇观。远望龙池飞瀑，只觉一股烟霞升腾，更添神秘色彩，据说，这种烟霞还是落雨的预兆。

在独秀峰与真人峰之间，地势较低，流水汇集，形成清溪后，从两峰间流过，当流到峰前沿垂直的万丈陡崖时，便翻崖跌落，形成200米高的碧桃瀑布，它是九华山十大胜景之一。

200米高的瀑布猛跌下来，给四周的岩石造成极大的冲刷侵蚀，崖面亦随之被蚀渐渐后退，有几处坚硬石块尚凸出于崖壁上，挡阻了飞瀑，使得飞瀑在此又溅激起水花无数，形成云霞雨烟，宛若神龙喷云吐雾，又若一群白鹭翔集，在山风的吹拂下，上下盘旋，左右回荡，煞是奇观。

九华两瀑太美了，正如宋代文学家王安石游九华山后所赞誉的那样"楚越千万山，雄奇此山兼"。

小三峡“白龙过江”

　　游览过小三峡的人，都知道巫溪县境内的庙峡之中，还有一个最瑰丽的景色——白龙过江，然而令人遗憾的是，几乎没有游人有幸能观赏到这种奇景。

　　什么叫白龙过江？原来白龙过江是峡谷中，一边岸壁上冲泻下来的瀑布，直接越过江面，落在另一边岸上，人们在船上可以从瀑布之下观赏瀑布。当然，有时瀑布水量没有这么多，瀑布跌落江心，激起的水烟雨雾，弥满峡谷，亦算是“白龙半过江”了，但是即使是半过江，也是十分罕见的事，更不用说真正的白龙过江了。

　　那么是否可以见到白龙过江呢？机会还是有的，这里首先应掌握两点：即白龙过江发生的具体地点和确切时间。

　　白龙过江的位置与珍珠帘是一处地方，位于离巫溪县城25华里的庙峡中，这里两岸悬崖陡壁，十分险要，平时乘船经过，可看到悬崖上有一飞泻而下的瀑布，跌落在峡江中，形如串串珍珠，缀织成帘。通常游人无有观赏白龙过江的眼福，只有细细品味一下珍珠泉的美景了，其实珍珠泉也是峡江中一大胜景。

　　从时间上看，白龙过江是在暴雨初过，又很快转晴的时候，显然这样骤雨骤晴的雷雨时节，只有在夏秋之交比较多见。阳历八月下旬的一天，奇迹真的出现了，这是一幅多么奇丽壮观的图画呀！只见左岸数百米高的崖壁上，蓦然喷射出一条巨大的水柱，凭借着万钧冲力，横过峡江，直落右岸的岩石上。那水石相激的声响，如雷过头顶，响彻深谷，震耳欲聋。飞激起来的无数水花，似千堆白雪，万斛明珠，四处溅洒，把峡谷弄得迷离一片。而当阳光照射下来，那飞江横空的瀑布，宛若仙境中的水晶仙桥，神奇地架在这绝壁深谷之间。此时，游船来到了“白龙”的肚皮底下，船上的游人感受更是太难忘了。轰身如雷的瀑布声，已把游船的马达声、船上游人的惊叫赞叹声彻底淹没了。白龙喷吐出来的团团雨雾水珠，已把每个舱外的游人，浇得浑身湿透，然而游人仍争相站到舱外，观赏这奇景的全景，虽说是盛夏，亦觉得寒气浸人，其中的乐趣难以言表，只有亲身经历过的人，才会心旷神怡，回味无穷，终生难忘。

云南玉龙瀑布

玉龙瀑布位于云南省宾川县境内鸡足山中，正如鸡足山隔洱海与苍山九峰遥遥相对，玉龙瀑布则与苍山十八溪瀑遥遥相呼应。

鸡足山上胜景颇多，而以玉龙瀑布最为壮观。悬挂在两峰之间的玉龙瀑布，气势磅礴，观后令人终生难忘。未到玉龙瀑布之前，老远便可望见一峡谷中，升腾起阵阵烟雾，飘飘袅袅，最后似乎在天空中形成了一层若有若无的天幕，将那"冒烟"的峡谷笼上了一层神秘的色彩。若再细细聆听，便可闻阵阵轰轰的声响，滚滚传来，震得山颤地抖，寻着声响的方向，游人沿着山道行走一段路途，便可来到玉龙瀑布的跟前了。

两峰挟持下，由于发育一条断层，形成了一个壁立的陡崖，玉龙瀑布正是从两峰之间流出，然后翻崖飞流直下，形成一个高逾百米，宽达数十米的大瀑布。那飞泻直下的瀑布，恰似一条蛟龙从天上降落，又如万匹骏马奔腾而下，坠入深潭之中，发出轰隆隆巨响，如雷过头顶，令人心惊胆战。瀑布那巨大的水体在下跌过程中，又相互激撞，溅起水花无数，明珠万斛，四处抛洒，并升腾起阵阵雨雾，将峡谷笼罩得一片迷离。玉龙瀑布激腾起的雨雾，还扬扬洒洒地四处飘逸游移，到一定高度又凝结成水滴，随处抛洒下来。那阵阵的浓雾水滴，将四周的树木花草沐浴得干干净净，纤尘不染，翠绿一片，充满着勃勃生机。

玉龙瀑布比起那潇洒、飘逸的雁荡山大龙湫瀑布来，要显得雄壮刚毅得多。我国的许多瀑布，给人带来的是一种幽秀之美，然而，玉龙瀑布却恰恰相反，它粗犷、咆哮，像一匹难以驯服的猛兽，但给人的是力量和激励，是一种奋发激昂的雄壮之美。游览过玉龙瀑布的人，的确会被这条玉龙似的飞瀑的壮丽景象和磅礴气势所深深吸引，赞美这充满力量的壮丽景色。

云南叠水瀑布

　　叠水瀑布位于云南省腾冲县城西，蜿蜒曲折的叠水河在这里向南奔流过程中，由于河床的坍陷，河水从30多米高处倾泻下来，形成了叠水瀑布。因有上下两折，故称叠水瀑。

　　叠水瀑布景色优美，叠水河两岸风光亦十分秀丽，早在300多年前的明朝，著名地理学家和旅行家徐霞客就对叠水瀑布作了真实生动的描述。

　　在叠水河畔，未见到瀑布便能听到瀑布的轰鸣声了。在瀑布的对面，瀑布激溅起来的水珠雨雾，迎面扑来，好似绢绢细雨，人们形容这里是久雨不晴之地。站在江岸边的小坡上，抬头看去，只见叠水河从断崖上翻涌下来，摧金捣玉，波涛澎湃。瀑布跌落深潭之中，像山崩地裂般发出惊心动魄的吼声。直把那瀑下的深潭，溅得水花四飞，烟雾蒸腾，一片迷茫。这时正好有阳光从瀑布的南面照射过来，透过氤氲的水汽，在瀑布前面折射成一条美丽的小彩虹，像一座色彩斑斓的拱桥横跨在深潭之上，映衬着背后长满苔藓野草的苍崖古壁，与倒悬在崖壁上的叠水瀑布和蓝天白云，组成一幅宏伟瑰丽的图画。

　　腾冲县周围分布着许多火山群，仅从火山口特有的平顶锥状外形，便可分辨出20多座火山。腾冲火山群是我国保存最完好的新生代死火山群之一。而且这里的热海景观，热气、热泉遍地喷涌，素称"一泓热海"，其中有硫磺塘喷泉，黄瓜菁热气和澡塘河热泉等著名景点。

　　在腾冲县，不仅有火山群、热海等奇特风光，还有那风光旖旎、妩媚妖娆的叠水河，更有那神奇美丽的叠水瀑布，真是一个旅游观光的极好去处。

贵阳穿洞河瀑布

　　穿洞河位于贵阳东北的瓮安县城约30华里处，这里两岸危崖高耸，奇峰对峙，一湾碧水从峡谷之中潺潺而来，蓦地夺岩而坠下，溅珠碎玉，激起水花无数，形成阵阵雨雾，在阳光下，织出一道七彩霓虹。瀑底有一洞天然而成，巧妙地接连河流两岸，这条瀑布便是穿洞河瀑布了。

　　穿洞河瀑布，旧时又称水心和飞练泉。若论规模，穿洞河瀑布只有50米宽，10米高，远不如黄果树瀑布；若论洞穴之美，亦不及安顺龙宫和织金打鸡洞。然而，穿洞河瀑布却能在美景如林的贵州山水中占有一席位置，是与其独特的奇、异景观分不开的。

　　穿洞河瀑布之奇，就在这条长长的穿洞口上。它不像一般常见的喀斯特洞穴，或置于一山腰，或位于一坡谷，远远便可望见，穿洞河之洞穴，是整个藏匿在河床之下，恰似一条水下长龙，只有来到其身边，才稍睹头角，所以，陌生的游客初到穿洞河瀑布，往往只见银练飞悬，只闻水声轰鸣，不知洞口在何处？穿洞河瀑布，不是像一般的水帘洞或洞穴暗瀑那样，而是有帘洞三处，其间由巨大的钟乳石壁隔开，恰似三个天然的大窗户，披缨挂络，各具风采。

　　穿洞之东口门进处稍宽，约有两米左右，西面洞出口略小，不到1米。洞内本来发育许多大大小小，高高低低的钟乳石、石笋、石柱、石幔等洞穴堆积地貌。可是，大概由于年代太久远，洞穴发育已至衰亡阶段，故大量钟乳石、石柱已掉落断裂，石笋亦多倒下，如今，洞内只剩下些碎石块和绿草，洞侧则长满斑斑驳驳的苔藓，绿得惹人喜爱。洞底则有青石铺地，不生草，不长苔。从洞口到洞底，道路略有弯曲，光线一会儿明亮，一会儿昏暗，洞腔亦是一会儿宽大，一会儿窄小，到达第一处水帘洞瀑布，只见丝丝水流，如绡如练，带着晶莹洁净的水花露珠，从高约4米的崖面上翻落飞下，形成宽达3米多的穿洞河第一瀑。白天，洞外阳光自隙缝间悄然而入，摇曳闪烁，洞壁上若有五彩浮动。

第二处水帘洞，高约5米，宽约10米，上面还有一马蹄形的缺口斜斜伸出。瀑布头顶高张，厚者如重幔，层层叠叠，水势汹涌，轰然作响，激得水花四溅，银珠乱抛；薄者如轻纱，飘飘而下，极有风姿。若透过薄薄水帘，张望远处，但见青山如笏，指向苍穹；近处深潭泛波，嶙峋怪石。眼前之景，无不成天然之图画！

第三处水帘洞，则是一个高宽各约1米见方的玲珑的小窗，游人伫立窗前瀑下，不禁会到达"却下水晶宫，玲珑望秋月"的意境。

平时，穿洞河瀑布不仅是旅游者的好去处，而且穿洞亦是当地人过河的通道。集市的时候，男女老少，时而纷纷走入洞中，时而又鱼贯而出。不少男女青年双双出没于穿洞之中，以瀑布水声，传达内心之情，这种"水下鹊桥"的幽会，世上少有，乐趣无穷。

贵州龙鳌飞水

　　龙鳌河位于贵州省岑巩县境内，岑巩，古称思州，思州素有"古、美、奇、特"之景。尤以龙鳌河风光驰名。两岸群山耸立，崖上挂满钟乳石，飞瀑溪流奔流其间，形成了石奇、山青、水秀的天然秀美景色。观赏景点颇多，如悬棺葬穴、仙人守隘、金银洞、一线天、三峡谷等，但以龙鳌河瀑布之景最为秀美闻名。

　　茂马飞水是龙鳌河上的第一道飞水瀑布。它是茂马河被龙鳌河侵蚀袭夺后，形成的一个袭夺瀑布，高约30～40米，常年不断地以0.1～3.0立方米／秒的流量飞泻直下龙鳌河中。远远望去，宛如一条洁白素练，飘然悬挂于龙鳌河的深壑中，景色秀美。四季水量不同，景色变化多姿。

　　沿龙鳌河下行，过金银洞约140余米处，便是龙鳌河上最壮观的瀑布龙鳌飞水了。瀑布高达50多米，宽过20余米，最小流量约0.5立方米／秒，最大则超过百个流量。可见其洪枯季景色异差甚殊。洪水季节，龙鳌飞水上游的军龙水汹涌奔腾，吼声如雷，甚至可以跃过龙鳌河面，直泻对面岸崖，形成"白龙过江"的奇壮景观。而当枯水时节，龙鳌飞水则变成一股清流，飞泻直下龙鳌河面，姿态飘飘袅袅，潇洒清丽。平时之飞水，则飞流击水、烟雾迷濛，乘舟而下，水雾袭人。再观两岸峭壁陡立，神工鬼斧，林木森然，怪石遍布，惟江上一水路尚可行舟，而山上崖上均无路可登。船渐近龙鳌飞水，风声越来越紧，水声亦越来越大，水点越来越密，眼前迷迷濛濛，水烟难辨，河面万斛雪珠、飞溅翻迸。船行飞水之下，景色更是壮观险惊，瀑布之飞流，跃头顶而过，令人惊叹不已。舟过瀑布，再回观飞水，惊心动魄之余，但见江山壮丽，又觉心旷神怡，有他日再作重游之感。

　　刚过龙鳌飞水200余米，即是颇具特色的水帘洞天。此段河岸，两边均是姿态各异的大小飞瀑溪流，以水景奇丽而驰名。这里有二叠水、三叠水、四叠水，也有百米壁间喷泉一泻直下的。只见眼前岸崖上，飞流层层叠叠，翻滚而下，形态各异，依山傍水。细细听来，流水淙淙，溪水潺潺，飞水轰鸣，仿佛是一曲天然的交响乐，沁人肺腑，令人陶醉。两岸悬壁上，还有10多丈长的藤蔓倒垂河边，一簇簇各色晶莹的钟乳石悬挂石壁，景致十分奇特、秀美。

此外，在龙鳌河的马家梁河段，鳌山主峰坡脚，有河道窄小、岸壁陡峭、江流湍急的三峡谷景区。此峡谷两崖，常有瀑布飞泻，若至龙鳌河下游，即水尾镇白村黄河水电站的潭内，半山一洞穴中有清流涌出，直泻崖下，如银花开放，进而分流成10余股大小瀑布，玉珠闪跳，雾满山峦，此洞中飞瀑，即是峰洞瀑布。潭中尚有一钟乳小石山，突出水面，点缀景色，别具情趣。

龙鳌飞水，四时景色不同，朝暮有别样，明晦成奇观，亦不失为一个天然奇景了。

天台山石梁飞瀑

石梁飞瀑位于浙江天台山。风景点无数，瀑布亦处处可见。然天台之最佳处，在于一瀑，这就是著名的石梁飞瀑了。

石梁飞瀑并不比其它瀑布壮观，但它却有自己的独特之处：首先它有一条两丈左右的巨大石梁，横跨在两崖之间，那微微拱起的梁面，像一条匍伏的巨蟒。金溪和大兴坑两条溪水，左右而来，汇合于此。溪涧岩石坎坷不平，水流随之层层折跌而下，每一次折跌，激起一阵雪白的水花，接着又往下折跌。这样经过4次折跌后，溪流终于在阵阵白浪之中流到了石梁附近，聚集成一个巨大的雪浪团，向石梁冲激过来。一部分被打回，而大多数则从梁底穿过，坠入几十丈深的幽谷之中，发出震耳欲聋的声音。石梁瀑布附近还有宋代大书法家米芾所题"第一奇观"四字石刻，清末维新派领袖康有为的"石梁飞瀑"等。

石梁飞瀑的美景在于浪花万朵，似堆雪撒珠，终年不绝，故有"冰雪三千尺，风雷十二时"之说法。从中方广寺沿山径可达下方广寺。此时再回望石梁飞瀑，景色又有变化了。只见石梁高挂入云，飞瀑九天抖落，仿佛银龙从天而降。

天台山除石梁飞瀑外，还有水珠帘布及铜壶滴漏诸瀑。它们距石梁飞瀑3公里，各具特色。其中铜壶滴漏是天生的腹部膨大，口门狭小的大石，高约四五丈，青黑色的玄武岩浑然一体，恰似一把大铜壶，呼啸而下落的水流，跌入瓮内，如雷鸣一般，然后在形似壶嘴的岩隙中盘旋而出，直注入下面的碧潭内。

水珠帘瀑布另有一番景致。它位于铜壶滴漏的下游，是一较宽阔的瀑布。由于姿态特殊，犹如千串珍珠，垂挂下来，故得其名。

石门飞瀑的另外一个独特之处，是有浙东的画山秀水和附近繁华的衬托。天台山本身美景很多，又是佛教胜地，所以，石梁飞瀑亦因此而更闻名遐迩。

莫干山剑池飞瀑

莫干山与北戴河、鸡公山和庐山，是我国著名的四大避暑疗养胜地，素有"清凉世界"的美名。

莫干之美在剑池，剑池之美在飞瀑。剑池的石壁上，铭刻有剑池两个道劲的大字。从剑池之阜溪桥上向下眺览，剑池飞瀑尽收眼底。剑池飞瀑共分三迭，溪水冲出阜溪桥下，猛然间跌落二三丈，注入潭中，形成剑池飞瀑的第一迭。

瀑布注入剑池后，稍作停蓄，水势益壮，又一次跌水，高达10余米，颇为壮观，这就是剑池飞瀑的第二迭，也是主瀑，前人所写"飞泉裂石出，浩浩破空来。万壑留不住，化作晴天雷"诗句，正好描绘了这种景色。

瀑布由剑潭而下，水流又被束成一股短瀑，溪水逶迤远去，掩没于翠竹丛中，这就是第三迭。剑池飞瀑，远眺若一匹素练，窈窕多姿，不论俯视仰观，各呈奇姿，趣味无穷。

站在剑潭边上，仰观瀑布，又是另一番景象：只见飞瀑临空，珠飞玉碎，寒气袭人，动人心魄；俯视剑潭，潭中烟峦兀立，树影婆娑，似别有洞天。

无论春夏秋冬，剑池飞瀑千变万化，奇景叠出。有时如一线悬空，可随风飘散；有时如匹白练下垂，凝然不动；有时又如苍龙入海，腾挪飞跃；有时大雾弥天，瀑布潜形，惟闻水声，不见其态；有时晨雾未散，谷中紫烟弥漫，瀑布若隐若现；有时月光照临，山色朦胧，瀑布闪出熠熠银光。

剑池左侧有一石级，拾级盘旋而上，可达观瀑亭，它不仅是观赏剑池飞瀑的极佳处，亦是观看日出的好地方。站在观瀑亭上，可观剑池飞瀑的全景。

关于剑池飞瀑，还有一个古老的传说，剑池相传是春秋战国时，著名剑工干将和妻子莫邪铸剑的地方。在东晋时专集古今神祇灵异人物变化之事的《搜神记》，以及曹丕所著《列异传》，都写到了干将、莫邪在剑池铸剑和干将献剑被杀，儿子赤鼻舍身为父报仇的故事。至今在阜溪桥底一块长满青苔的黑褐大石上，刻着"周吴干将莫邪夫妇磨剑处"几个大字。

金华冰壶暗瀑

浙江省金华市北山，山势险峻，并发育三个溶洞，统称金华洞，是我国道教"第三十六洞天福地"，冰壶洞因其内有奇特的暗瀑景观，所以最有名。冰壶洞上下有朝真洞和双龙洞，三洞之间互有暗流相沟通，贯串一气。

双龙洞以水石奇观而著名，乘船仰卧，一路上钟乳石、石幔、石帘，以各种姿态，倾垂悬挂着，宛若身置龙宫之内。出双龙洞而上攀，不远处便是冰壶洞了。冰壶洞口较小，而洞内空间较大，像个巨大的壶。洞深约50多米，沿绝壁拾石级下行，不久，即可听到水声轰轰，在洞内发出宏大的回声，震耳欲聋。再继续进入洞内，只见一条20多米高的瀑布，悬空飞落，水珠飞扬，玉屑冰末，纷纷扬扬，姿态妩媚。因下面无积水潭，而直接流入双龙洞中，是双龙洞中暗湖的水源。瀑布直接落入石华之上，更激溅出万斛银珠，八面飞扬。

冰壶洞暗瀑之美，在于一个上不见青天，下不见洞底的黑暗宫殿内，飞泻出一条洁白的素绢，宛若夜空中之银河；飞溅满洞的雾珠水花，又恰似满天星斗。这种洞瀑之美兼而有之的景观，是令人向往的旅游胜地。虽然可以推断，暗瀑景观在我国定有不少的数目，但是就目前已发现的来说，数量甚少。除贵州安顺龙门暗瀑之外，金华冰壶暗瀑可算是当今中华第二暗瀑了。尤其因其地处华东繁荣地区，自古游人甚多，其名声似不在安顺龙门暗瀑之下，可说与它平分秋色。

福建九鲤湖飞瀑

位于福建省仙游县境内的九鲤湖，是一个风景秀丽的天然石湖，自古以来，便以"鲤湖飞瀑天下奇"而享誉海内外。

九鲤湖以瀑布景观最为著名，但其峰、洞之景亦甚奇特。九鲤湖四周，千岩竞秀，怪石嶙峋，九鲤湖附近还遍布各种奇形怪状的溶洞，有的似锅、有的似瓮、有的如脸盆、有的如葫芦，还有的像脚印，相传亦是仙人炼丹时留下的遗址。

九鲤湖碧波荡漾，清澈透明，远山近景倒映湖中，静影沉壁，胜似图画，九鲤湖恰似"灵圆一镜"。每当旭日东升，九鲤湖浮光耀金，景色迷人；每逢夕阳西下，满天彩霞泻落湖中，色彩斑斓，分外妖娆。倘若明月千里，清辉直泻，湖面银光闪闪，幽雅静谧之景色更是迷人。

然而，九鲤湖最美的毕竟是飞瀑。九鲤湖飞瀑按其每次跌落，可分九漈，名曰：雷轰漈、瀑布漈、珠帘漈、玉柱漈、石门漈、五星漈、飞凤漈、棋盘漈和将军漈。每一漈各具风韵，以瀑布、珠帘、玉柱三漈，风景最美。

九鲤湖飞瀑，每漈之间距或长或短，长者可达20华里，短者则有200～300米。瀑高亦是大小不一，高者可逾百米，而低矮者只有3～4米，形成九漈的总落差可高达430多米！九鲤湖飞瀑之中第一漈就是雷轰漈，它位于九仙宫左侧，是九鲤湖的进水处，落差虽不高，然形态特殊，瀑布冲击着布满溶洞的河床上，发出雷鸣般的轰响，故得其名。第二漈瀑布漈，是九鲤湖飞瀑中最高的一漈，大量的水流从九鲤湖中溢出，跌落百丈悬崖，摧金捣玉，翻滚而下。但见崖壁生烟，霓虹隐现，呈现一派绚丽缤纷的美妙景象。

再继续下行，便是珠帘漈与玉柱漈。此两漈从两个方向而来，一同流进深邃的白龙潭中。过去的珠帘漈曾是清秀妩媚，素绢一般飘落，而经过水流长期的冲蚀，现在瀑布巳向后退移，瀑布便成一柱水龙，喷射而出，虽失去了往日的秀丽风姿，然亦形成了另一种磅礴的豪壮气势。一旁的玉柱漈是一个分成两股水流的瀑布，相比之下，玉柱漈则显得纤巧多姿，清丽秀气得多了。

　　第五漈是石门漈，这里山势险峻，悬崖壁立。水流至此，猛然转折，冲过一处夹缝，造成一股二丈余高的粗大瀑布，跌落狭窄高深的石门之中，然后，沿着回头峰和笋天峰下壁立的石崖夹沟，悠悠东流而下。

　　由石门漈下到第九漈将军漈，还有20余华里。但途中悬崖深谷，难于行走。五星漈下是一个五块大石相聚而成梅花状水潭，水流萦绕其间。飞凤漈是因一旁有飞凤山而得名，或许是瀑布像一只飞天的凤凰。飞凤漈的景色妩媚秀丽。溪流再向下流，便到了一个不高的悬崖，倾覆而下形成第八漈——棋盘漈，棋盘漈气势并不雄壮，但因旁边有一块形同方桌的棋盘石，附近还有一些乱石堆积，若一群围看下棋和下棋的人，故显得十分独特。自棋盘漈向下一里光景，则至九鲤湖飞瀑的最后一漈——将军漈了。自上俯视，并不见将军漈之风姿，但从瀑上两旁山石对峙，瀑布在其中飞泻而下，发出轰鸣之声，震撼山谷，就显出将军漈的神威，震撼山河的气度了。

神农架水帘洞瀑布

在湖北省西北部大巴山系的褶皱地带，三峡以北的长江和汉水之间，有一个美丽而神秘的地方，这就是闻名遐迩的神农架了。

神农架山势雄伟，树木茂盛，奇花异草，争艳吐芳，珍禽飞鸣，异兽出没，岩洞幽奇，泉瀑争流，加上"野人"时常出没，更为神农架增添一层神秘色彩。

神农架风光荟萃之处，在于神农五奇，其中一奇就是水帘洞。水帘洞瀑布正是位于水帘洞前，水帘洞在大神农架东北37公里左右的金银山附近的峭壁下部。洞前有一瀑从高百余米的壁顶上飞泻而下，落入壁脚莲池中，像一幕水晶珠帘，宽达10余米，常年不断。水帘洞瀑布四季之景不同，丰枯水时节景色亦迥异。每当丰水季节，雨量充沛，瀑布水量也增大，那垂挂洞前的瀑布，酷似一巨幅白练，倾击咆哮，震撼群山。

在枯水季节，雨水稀少，瀑布水量也相应减小，此时，水帘洞瀑布若一幕幕薄的银色纱幔轻柔飘洒，袅袅娜娜，婀娜媚人。水幕遮掩之间，隐约可见一深邃古洞，要入洞内，当先通过这道卷不走的水帘。

进入水帘洞，只见洞内宽窄不一，高低不等，忽曲忽直，时左时右，殊为幽深秘邃；奇岩怪石，形象各异，或若雄狮烈马，或若灵猿仙鹤，光怪陆离，令人目不暇接。其流水滴水，发出阵阵回响，或若吹笙品箫，或若鼓琴击金，声声悦耳。数里之外，有一大河拦断去路，形成天然鱼港，河内的鱼确实很多，但不论大小，全呈黑色，确属特异罕见。神农架确实神奇，令人神往。

台湾省瀑布揽胜

　　台湾岛上的瀑布，无论就其数量，还是落差，均是我国大陆所无法比拟的，这与台湾岛具有了两个主要条件有密切关系：一是台湾岛地处热带海洋中，雨量十分充沛，年平均降雨量达2000毫米以上，不少地区在4000毫米，最大达到6660毫米，为我国降水量之最高值。

　　二是台湾兼备山地平原，起伏极大，断崖陡壁，处处可见，河流众多，短且湍急。最长的浊水溪有170公里，50公里以下的短河达30多条。由于大多数河流位于中央山脉和玉山山脉，而这两条山脉海拔都甚高，其中玉山主峰是我国东部的第一高峰，因此，台湾岛上的河流的纵比降是我国其它河流无法比拟的。从河流的名字上就可看出这一点：除淡水河外，台湾岛上几乎所有的河流以溪来命名，足见其流急滩陡了。正是受上述两个十分有利于瀑布发育的因素的影响，决定了台湾岛上瀑布的落差均较大，数量也极多。

　　台湾岛上的瀑布的另一个特点是类型较多。大多数瀑布属于一级直泻瀑布，其特点是落差很大，有的达千余米。有些瀑布则属于多级型，分成几层跌水，层层坠落。有的像几十个瀑布聚集在河谷的某一段中，组成瀑布群。台湾的瀑布，可谓多姿多彩，各具特色。

　　从地理分布上看，以南投县的瀑布数量为最多，嘉义、云林二县其次；另外台北县也有一些瀑布。主要的有蛟龙瀑布、合欢瀑布、乌来瀑布、蓬莱瀑布、银河瀑布、佳洛水瀑布，乙女瀑布和云龙瀑布等。

　　蛟龙瀑布是台湾岛上落差最高的瀑布，它位于台湾西部的嘉义县梅山乡。全瀑落差达1000余米，分四层坠落，其最下面的一层就有500米左右的落差。由于溅起的水雾太大，游人一般很难走近观赏，远远望去，蛟龙瀑布宛若一条巨大的银色蛟龙，从天降落，又像一根高高的擎天玉柱，故蛟龙瀑布又被称为擎天巨柱。游人至此，莫不叹为观止，真是难得一见的旷世奇观。

合欢瀑布位于南投县合欢山的南麓。合欢山主峰是中央山脉北段的一大高峰，也是台湾岛上最寒冷的地带，冬天风雪迷漫，积雪通常达一米以上，是台湾最佳的赏雪和滑雪地区，建有松雪楼和滑雪运动场。合欢瀑布正是从其南侧山腰，凌空飘落，落差竟达520米。就单级瀑布而言，它大概是我国瀑布中的最高者了。

乌来瀑布位于台北市东南的游仙峡尽处，南势溪的右岸。乌来瀑布高达82米，宽约10米。瀑布沿峭壁飞流直下，水珠四溅，声震山谷。乌来瀑布的源流由两条水源汇合而成，远望瀑布，若白练飘空，袅袅娜娜，近观瀑布，似玉龙天降，轰然入潭。尤其是黄昏或清晨时分，阳光射来，给乌来瀑布披上一道金辉，更为瀑布增添了一种神奇的色彩。

蓬莱瀑布，位于云林县的古坑乡。这个瀑布最宜在上午八九点钟，或者在下午三四点钟去观赏，因为这段时间内，阳光正好照射在瀑布及其激起的团团水雾之上，使其呈现各种斑驳陆离的色彩，犹如七彩霓虹从天降落，又如五彩缤纷的神话世界，使人遐想联翩。

银河瀑布高约150余米，宽3米左右，它像一条纤细的玉带素练，从高崖之上飘落下来。受瀑布激水的影响，四周空气潮湿凉爽。瀑布左下边有个大岩洞，名银河洞，是一个良好的避暑场所。

佳洛水瀑布位于台湾屏东县恒春半岛东部。满洲里山脉直抵海岸，在临海处形成一断崖，一道清泉正从崖上飞落，于是就形成了30余米高的佳洛水瀑布。其下海滩，亦有奇景：岩洞、岩石等海岸地貌，千奇百怪，姿态各异，是台湾风景区中的一绝。

乙女瀑布和云龙瀑布，都坐落在南投县境内。乙女瀑布是一缕清泉顺岩石而流下，姿态秀雅，两旁绿草如茵，远望瀑布，恰似万绿丛中，婷婷玉立一素衣少女。云龙瀑布，为悬崖两断壁间的一股巨流，如银色的蛟龙，飞泻而下，十分壮观。

此外，台湾岛上还有宜兰县的金盈瀑布，南投县的雌雄瀑布，均是各有千秋，独具风韵的。

◎环球名瀑◎

　　沉雷轰鸣、白浪翻滚、湍流怒涌、万涛奔腾、咆哮呼啸、骤落千丈……世界著名的大瀑布，以它们气吞山河的气魄显示了水流动的巨大力量…….

莫西奥图尼亚瀑布

莫西奥图尼亚瀑布位于赞比西河中游，是世界三大瀑布之一，世界七大自然奇观也榜中有名。莫西奥图尼亚瀑布，正以其气势磅礴、水雾滔天的特点，为著名的国际游览胜地。

赞比西河是非洲南部最大的一条河流，全长2660公里，它流经安哥拉、赞比亚、纳米比亚、津巴布韦、莫桑比克等国。赞比西上游河水水清波静，大象和鳄鱼时常悠闲地漫游在河畔的草丛里，然而，当赞比西河流至赞比亚西部和津巴布韦交界处不远的地方时，突然出现了一个黑沉沉的千丈峡谷，迎面拦住河的去路。在宽约1800米的峭壁上骤然翻身，万顷银涛整个跌入约120米深的峡谷中，卷起千堆雪，万重雾。只见雪浪翻滚，湍流怒涌。峡谷中风吼雷鸣，似千军万马奔腾而来，仿佛山岳震撼、大地摇动，惊心动魄。这昼夜不停发出的沉雷般的轰鸣，可声传十几公里远。瀑布激起的浪花水雾，可飘达1500米的高空，形成如烟似雾的柱状白云在空中缭绕，方圆五六十公里以外都隐约可见。那些初次来到赞比西河上的人，即使还离得很远，只要望望空中的云柱，听听传来的响声，便能很快寻见这驰名世界、宏伟壮观的大瀑布，它真是世间难见的奇观壮景。

最早发现这个大瀑布的人是英国传教士利文斯敦，他在1855年11月16日来到这里，并感慨地描绘道：那些倾泻的急流像无数有着白光的彗星朝一个方向坠落，其景色之美妙，即使天使飞过，也会回首顾盼。

莫西奥图尼亚瀑布是赞比西河中游的起点，赞比西河从这里进入峡谷区。大瀑布所倾注的峡谷就是峡谷区的第一道峡谷，从这道峡谷起，一连有七道峡谷，大都是东西走向。每两道峡谷间，又连结着一段短促的南北峡谷，绵延达130公里，构成世界上罕见的天堑，在这里，高峡曲折迁回，苍岩如剑，巨瀑翻银，疾流如奔，构成一幅格外奇丽壮美的自然景色。

瀑布所注入的深潭下方，有一座连接两岸的铁路公路两用铁桥，人称刀尖桥。桥宽2米多，跨长约30米，全长197余米，距水面高102米，建于1905年。桥中央有一道白线，为赞比亚和津巴布韦的国界线。刀尖桥是观看莫西奥图尼亚瀑布最好的地方。有了这座桥，尽管四壁是悬崖险谷，但人们可以信步走在深潭之上，欣赏那浪花飞溅、水雾弥天的壮景奇观。站在桥面往下看，那滔滔的雪浪，那吓人的万丈深渊，确实令人胆战心惊。走在桥面上观瀑，还要打着雨伞，因为巨瀑激起的浪花和蒸腾般的烟雾，每一秒钟都在沐浴着铁桥。若有阳光透过，雨雾就折散成绚烂的五彩长虹，经久不散，真是美妙无比。

大瀑布本身十分宽广。由于其地势不同，且有岩岛分隔，在津巴布韦一侧，人们还可以顺着幽径，自西向东欣赏莫西奥图尼亚各个段落的不同景色。最西边的一段宽约30米，由于山谷险峻，瀑布以排山倒海之势，沿着狭窄的峭壁直落峡谷，巨雷般的轰鸣震耳欲聋，其飞沫飞涌、烟雾腾空、漩涡滚滚，气势甚为雄厉骇人，人们称之为魔鬼瀑布。与它毗邻的是主瀑布，水量巨大，宛如万马奔腾，它高约93米，中间有一条裂缝。主瀑布之西为瀑布岛，其东为南玛卡布瓦岛。

玛卡布瓦岛东边的一段瀑布，流经一段地岬，瀑布形如新月，故称马蹄瀑布。再东是大瀑布的最高段，跌水高约120米。这一段被称为彩虹瀑布。在翠绿的山峦上空，经常挂着一条条五彩缤纷的彩虹。加上飘忽的薄如轻纱般的银雾犹如置身仙境，恍惚迷离。在彩虹瀑布旁边，是扶手椅瀑布。这里是一块洼地，在旱季，它常常成为一个深池。最东面是东瀑布，它在旱季往往干涸，显透出一派千寻峭壁。每逢雨季，各段瀑布都挂满千万素练，极为壮观。大瀑布的年平均流量为1400立方米／秒，在雨季，可达5000立方米／秒。

大瀑布倾注的第一道峡谷，在其南壁东侧，有一条南北走向的峡谷，把南壁切成东西两段，峡谷宽仅60余米，整个赞比西河的巨流就从这个峡谷中翻滚呼啸狂奔而出。峡谷的终点，被称为"沸腾锅"，形成的无数深邃的漩涡，宛如沸腾的怒涛，在天然的大锅中翻滚咆哮。

南壁的两段，称雨林区，与赞比西河西岸相连，长满绿树青草。大瀑布的水沫腾空几百米高，使这个地区充满水雾，四周峰崖上的树林被洗得一尘不染，显得生机盎然，常年都郁郁葱葱。

　　莫西奥图尼亚瀑布雄伟壮观，如今随着赞比亚和津巴布韦的先后独立，大瀑布更加焕发出青春的活力，每天都吸引着成千上万的国际游客，成为世界闻名的旅游名瀑。

落差最大的安赫尔瀑布

安赫尔瀑布坐落于南美洲的委内瑞拉、圭亚那的高原密林中，是世界上落差最大的瀑布。宽150米的飞瀑，从奥扬特普伊山丘伦河坎陡崖凭天泻下，落差达979.6米之高。安赫尔瀑布在委内瑞拉东南部卡罗尼河支流卡劳河源流丘伦河上，隐藏在密林丛生的高山幽谷之中。那里交通不便，人迹罕至。过去，只有当地的印第安人知道这个瀑布的位置。

"安赫尔"瀑布这个名字是怎么来的呢？

这还得从上世纪30年代说起，那时一个叫安赫尔的美国飞行员在巴拿马的一家酒店里，结识了一位美国探险家，他告诉安赫尔，有一条溪流，那潺潺的流水冲积着耀眼的金子。他们相约去找金子，探险家付给安赫尔5000美元作为酬金，并要他保密，不把这条溪流的位置告诉任何人。他们乘飞机来到委内瑞拉，降落在这条溪流的旁边，探险家捞了45公斤金子。不久探险家死了，安赫尔于1937年10月9日驾着飞机到委内瑞拉寻找那条溪流。在寻找溪流的过程中，他无意之中发现了这个大瀑布。不幸飞机出事坠毁，后人为了纪念他的这次探险，就将这瀑布命名为"安赫尔瀑布"。

安赫尔瀑布是一个多级瀑布。第一级由山顶直泻至一结晶岩平台，落差807米；接着又下跌172米，直至丘伦河谷地。近看瀑布势如雷奔闪电的飞虹，远眺其柔美又如月笼轻纱。每当晨昏之际，云雾弥漫崖顶，只见瀑布从悬崖上飞泻直下，宛如一条英姿勃勃的银龙从天而降，发出隆隆的雷鸣声。飞流落下，溅得满山谷珠飞玉散，如果在阳光的照射下，便有一条美丽的彩虹悬挂在柔媚的水雾上，像是有谁撒出彩练，在引逗这奔腾咆哮的蛟龙似的，再加上瀑布两旁藤缠葛绕的参天古木和嶙峋山石，使其更显得磅礴壮观。

在安赫尔瀑布下游，有个地方叫做"卡奈马"。这里也是瀑布众多，景色迷人。委内瑞拉政府在这里修建了一条能起落喷气式客机的跑道，首都加拉加斯附近的迈克蒂亚国际机场，每天有两次班机飞往这个瀑布区。在"卡奈马"欣赏了"斧头瀑布"等风景点之后，可以乘游艇逆卡拉奥河而上，去参观"安赫尔瀑布"。沿途可观看河两岸遮天蔽日的原始古森林，欣赏那一幅幅水帘般倾泻而下的银瀑。

这里还有很多私人小飞机出租，可以乘飞机前往观赏。从飞机上虽然听不到瀑布的轰鸣声，但透过蓝天白云，可以看到一条白练飘然而出，飞机在峡谷中盘旋穿行，进入了探险的境地。因此，凡是乘飞机浏览瀑布的人，都可以得到一张特制的"勇敢的探险者"证书。当然，这种游览需要很大的勇气和胆略。

全球最宽的伊瓜苏瀑布

伊瓜苏瀑布是世界上最宽的瀑布，是世界三大瀑布之一。另外两个是北美的尼亚加拉大瀑布和非洲的莫西奥图尼亚瀑布。

伊瓜苏瀑布位于巴西和阿根廷交界的伊瓜苏河下游。西距伊瓜苏河与巴拉那河汇流处23公里，伊瓜苏河发源于库里蒂巴附近的马尔山脉，向西蜿蜒流经巴西高原1320公里，沿途接纳大小支流约30条，流至伊瓜苏瀑布处，河面展宽约4公里，河中大小岩岛星罗棋布，把河水分隔成一系列急流，平均流量1750立方米／秒，雨季流量达12700多立方米／秒。当伊瓜苏河从巴西高原的辉绿岩悬崖陡落入巴拉那峡谷时，形成275股大小瀑布，形成系列式瀑布奇景：雨季时，河水增大，大小飞流又合而为一，会师成大瀑布，连成一道宽达3.5～4公里、落差达60.82米的马蹄型大瀑布。其雷鸣般的跌落声远及周围25公里，溅起的珠帘般的雾幕高达30～150米，在阳光照射下形成无数光怪陆离的彩虹，非常壮观俊美。

伊瓜苏瀑布区，前临烟水苍茫的伊瓜苏河，背倚巴西、阿根廷、巴拉圭三国间的一片葱郁林木和蔚绿清澈的湖水上，整个区域包括巴西、阿根廷二个国家公园在内，面积甚大，单就以瀑布方面来说，在东方的任何地方，是不可能看得到像这样范围广大、势态奇伟的巨瀑。

这里的瀑布，东一排，西一叠，到处是未经人工改造过的天然巨瀑，所以，到伊瓜苏来观瀑是真真正正的纯赏瀑！在整个观光区内可说是既无点缀，也绝没有其它名迹，可供人寻游觅胜的只是岭上瀑布多！一路行来，处处都是遥看瀑布挂晴川的美景。

阿根廷一面的瀑布自入口处观至主人魔鬼谷瀑布，大约需要3小时。沿途之中，人们能够有眼福逐步地将奇伟幽险的魔鬼谷、无泽地、马英纳士、圣马丁及其它大小瀑布，一一尽收入眼帘。

巴西的国家公园内设有自然博物馆，在这个区域里，并且设有一家很高档次的瀑布旅馆，它位于高岗之上，旅客住在那里，既可居高临下俯览伊瓜苏瀑布的全貌，亦可坐观"飞瀑入溪流"的美景。

在这些赏瀑台中，有一处位近大瀑布前。由于它直面奇瀑，下临险滩，仰望瀑水真有"飞流直下三千尺，疑是银河落九天"之感。令人赏心悦目，对飞瀑银雪赞叹不已。

巴西这一面所见到的瀑布，是集合了十几条大小瀑布，循着伊瓜苏河上的山涧环绕为半圆形而成的。流瀑似凌空飞降而下冲击在岩石之上，所以声如雷鸣，有若万人击鼓、万马奔腾。这里有佛罗里阿纳、特奥多罗和朋若密等大小瀑布，魔鬼谷巨瀑也近在咫尺，和在阿根廷所看到的景象一样，同样是雄伟壮观。只是路稍远一些，位置姿态有些不同。

伊瓜苏全部的瀑布，每一条都各有各的特点，但最壮观奇丽雄伟的应当推魔鬼谷、佛罗里阿纳两瀑了。

伊瓜苏瀑布观光区，是人间一处安静的大自然乐土，它保持着原始的层峦石壁，湖潭谷润，苍松翠柏，飞瀑流泉。风光秀丽，空气新鲜，真是人间仙境。

尼亚加拉瀑布

　　北美的尼亚加拉瀑布，是世界三大著名瀑布之一。它位于加拿大和美国交界的尼亚加拉河上，尼亚加拉河是伊利湖和安大略湖之间的一条水道，南起美国纽约州的布法多城，北到加拿大安大略的杨格镇，长仅57.6公里，尼亚加拉河从伊利湖流出时，河面宽达240～270米，河面宽阔，水流平缓，上游还可以通航，及至中游，即流到安大略湖南边的悬岩，河水忽然从50多米的高崖垂直下泻，形成世上罕见的大自然的奇观——巨瀑。

　　在新大陆未发现之前，北美洲以外的人们对尼亚加拉大瀑布还是陌生的。公元1678年法国传教士路易·肯列平第一次见到了这一大瀑布，他细心地记述了自己的见闻，广为传播，才使尼亚加拉瀑布威名远扬。

　　尼亚加拉河在下坠成瀑之前，在鲁那岛和山羊岛突出河面，它们像两尊中流砥柱，将河水一分为三，形成三股瀑布。其第一三股在美国境内与山羊岛之间，由鱼那岛居中再分流为二，靠近东边的一股，流面较宽，称为"美利坚"瀑布；靠近山羊岛一股，流面较小，只有"美利坚"的1/10，称为"新娘"瀑布，第三股在加拿大国境之间，因其流面弯成弧形，称为"马蹄形"瀑布，现通称为加拿大瀑布，三股瀑布共同组成尼亚加拉大瀑布，尼亚加拉巨大的水流十之八九是流向加拿大瀑布，所以，加拿大那边的大瀑布最为壮观，最为惊险。三条瀑布流面宽达1160米，由于河流水源极其丰富而又稳定，河水最大流量为每秒6700立方米，超过中国黄河总水量的2～3倍，在整个美洲也是首屈一指的。

　　游客至此，只要登上美加两国界河上虹桥眺望台——这是一座称为多角形的多层塔。那么，两国大瀑布的壮观景色可以尽收眼底，尼亚加拉大瀑布似银河倾倒，万马奔腾之势，汹涌澎湃，直捣河谷，咆哮呼啸，可以听到一阵阵像春季天边闷雷，带着高山峡谷的共鸣滚滚而来，远在几公里外仍可听见。所以，在很久以前，当地的印第安人就给它取了一个富有神奇色彩的名字——尼亚加拉，意思是雷神之水。

尼亚加拉瀑布有着奔泻的河水，浪花飞溅，水沫洒空，浓雾弥天，一股巨大的白色浓雾在翻腾奔涌。在阳光照耀下，如万卷珠帘垂挂，时而现出美丽的彩虹穿插其间，为其锦上添花，景色更加壮美。19世纪英国著名作家狄更斯来此游览之后说：尼亚加拉大瀑布，优美华丽，深深撼动心田，使他永远铭记。

在红日西坠时，珠幔般的水花，在夕阳映照下，七彩虹霓，灿然入目。当夜幕降临之际，瀑布水色渐显灰黯，此时围绕瀑布周围的巨型聚光灯，突然齐放绿光，使原已灰黯的瀑布，顿时大放光彩，变得晶莹透澈，洁白生辉，犹如万斛珠玑，自天倾泻，此时水势的汹涌，水珠的跳跃，水气的弥漾，又呈现在不同于白天雄伟的神态。随着灯光颜色的变换，水色由白转为浅红，由浅红转为浅蓝，由浅蓝转为翠绿，五彩缤纷，气象万千，多姿奇丽，景象迷人，令人叹为观止。

尼亚加拉瀑布周围，因水流冲击，经常是水沫连天的景象，在天气阴晦的日子里，眼前更是一片烟雾迷蒙，雨中观景，就更有一番情趣。

当人们乘船向瀑布驶近时，50多米高的巨瀑，排山倒海似地跌落在近在咫尺的水面，其声震天撼地，令人惊心动魄。及航至加拿大瀑布中心，游船被包围在瀑布当中，马蹄形的瀑布从前、左、右三方倾泻而下，在河中汇成漩涡，颠波起伏。当时船与水搏斗，人与水雾交融，其震撼人心的紧张情景，是游览尼亚加拉瀑布最具罗曼蒂克情调、惊险刺激趣味的一幕。

几个世纪以来，瀑布自身也发生了明显的变化。马蹄瀑后退900米，依此势头，河水将渐渐聚流到加拿大一侧。百年过后，美方瀑布甚至可能干涸。再者，美国在瀑布上游修造了几座大水电站，截走了巨大水量，也减弱了尼亚加拉河水的冲力，造成今日瀑布下岩层垒积，既加速了美方瀑布蜕化为激流的趋向，又危及到马蹄瀑的存在。经专家认定，早先印第安人在此与自然和谐生活的时代可能一去不复返了。

近百年来，来此观光者日益增多，安大略当局看中了这块风水宝地。1885年在尼亚加拉瀑布周围修建从伊利古堡沿尼亚加拉河岸直达安大略湖的大公园，公园延伸56公里，中心地带称维多利亚花园，装饰着直径达12米大花钟，被邱吉尔誉为：世界上最美丽的主日漫步幽径。

尼亚加拉瀑布雄伟壮观，是一个举世瞩目的旅游胜地，令人倾慕。

◎ 祖国名泉 ◎

　　清澈的涌泉，有时是温柔的。柔能克刚，涌泉又是无比坚强的。在地壳岩层的压迫下，她喷涌而出，穿石而过，显示出攻无不克的品格……

天下第二泉——无锡惠山泉

无锡南临太湖，西依惠山，山明水秀，是我国著名的鱼米之乡。

惠山高329米，其九峰如九条顽皮的苍龙，挤在一起，头东尾西，淹没于太湖之中。山间古木参天，幽谷清静，是著名的风景游览胜地。

惠山多清泉，历史上就有九龙十三泉之说。位于惠山寺附近的惠山泉原名漪澜泉，相传它是唐朝大历末年，由无锡县令敬澄派人开凿的。共两池，上池圆，水色澄碧，饮水都在这里汲取；下池方，虽一脉相通，但水质不如上池清澈。唐朝陆羽在他著的《茶经》中排列名泉20处，无锡惠山泉位居第二，此后，天下第二泉之名为历代文人名流所公认。宋代诗人苏轼曾两次游无锡品惠山泉，留下了"独携天上小团月，来试人间第二泉"的吟唱，更给惠山泉增色不少。

惠山泉名不虚传，泉水无色透明，含矿物质少，水质优良，爽美适口，系泉水之佼佼者，其原因是由于惠山岩石地层为乌桐石英砂岩，地下水从地层中涌向地面时，水中杂质多数已在渗滤过程中除去。相传唐武宗时，宰相李德裕很爱惠山泉水，曾令地方官吏用坛封装，驰马千里，从江苏运到陕西，供他煎茶。因此唐朝诗人皮日休曾将此事和杨贵妃驿递荔枝之事相比，作诗讥讽。

到了宋朝，此泉水的声誉更高。

明朝该泉更成了诗人墨客、达官贵人品茗游玩，题咏不绝的地方。著名画家文徵明，在明正德十三年，即公元1395年的清明节，与友人茶会于惠山，兴会所致挥毫作了《惠山茶会图》设色纸本，再现了诗人、画家竹炉煮茗，茅亭小憩的情景。

清圣祖康熙和高宗乾隆都多次到无锡，每次必品尝该泉水并题咏，乾隆对该泉更是赞赏有加。该泉由于受到帝王的赏识，因此地方官绅对该泉周围的环境，在原有基础上加以整修，布置了池沼、流泉、石刻、假山湖山和亭台厅室，配置了花草树木，使其成为一个精致的庭园。

　　无锡当代民间音乐家华彦钧，曾在惠山一带颠沛流离。在泉水的汩汩声中，这位饱经风霜、双目失明的阿炳，追忆着旧时所见的山色水光，一首音乐的旋律在自己的胸中回荡，二胡独奏曲《二泉映月》是瞎子阿炳20多年呕心沥血、反复凝炼的结晶。那委婉悠扬，感人肺腑的曲调，今天已成为驰誉世界，扣人心弦的绝响。而该泉也随着这行云流水般的乐曲声，飞越重洋，更加诱人。

天下第三泉——苏州观音泉

观音泉在苏州虎丘观音殿后，园门上刻有"第三泉"三个大字。与第三泉相通的还有"剑池泉"，一入"别有洞天"的园门即是剑池，门旁有"虎丘剑池"四个大字，笔力雄劲，传为唐代颜真卿所书。据文献记载，剑池之下，为春秋晚期吴国国君阖闾爱剑，下葬时以宝剑3000把殉葬。相传秦始皇和东吴孙权曾在此凿石求剑。故名剑池。池旁峭壁如削，刻有"风壑云泉"四字，笔法圆润，传为宋代米芾所写。

虎丘虽然是座小山，但其山势雄奇如蹲虎状，它的峰顶，更像从海中涌出状。虎丘寺石泉水，加上"碧螺春"，在此煮茶品茗，别有一番情趣。难怪元朝名士顾瑛夸曰："雪霁春泉碧，苔浸石瓒青，如何陆鸿渐，不入品茶经。"

天下第四泉——杭州虎跑泉

虎跑泉位于杭州西湖西南大慈山下，相传唐元和十四年，即公元819年有一高僧居此，苦于无水喝欲走，可夜里梦见一位神仙，告诉他说："南岳童子泉，当遣二虎移来。"第二天果然看见"二虎跑地作穴"涌出一股泉水，故名"虎跑"。

当然，虎跑泉并不是两只老虎跑出来的。据地质学家的调查研究，"虎跑"附近的岩层属于砂岩，因裂隙较多，透水性能好。而且这里的砂岩层都向东南倾斜，倾角较大，约有45度。虎跑泉就在砂岩层倾斜的下方，正好承受着岩层层面向下渗流的地下水。在地形上，虎跑泉又处在一个沟谷中，是个汇水区。它的北、西和西南三面被高山包围，组成一个马蹄形洼地。它的西北部山峰高230米，虎跑泉的海拔高度约70米左右，这160米高差和汇水洼地给虎跑泉的形成提供了良好的地形和供水条件。此外，在虎跑泉附近还有一条与岩石层走向近于平行的断层，可以拦蓄地下水，把地下水控制在断层之中。坚硬岩石裂隙中存身的地下水叫裂隙水，其形成的虎跑泉为裂隙水泉。

由于虎跑泉是从难溶解的石英砂岩中渗出来的，带来的可溶解矿物质不多，因此虎跑水质相当纯净。经化学分析证明，它的矿物质含量每升水中只有20毫克到150毫克，比一般泉水要低，比玉泉水和龙井水低得多。这就是虎跑泉水特别沁人心脾，被誉为杭州名泉之首。

虎跑泉周围幽雅清秀，泉水甘冽醇厚，泉旁书有"天下第四泉"五个大字。龙井茶用虎跑水浸泡，清香四溢，味美无穷，被称为"龙虎斗"，是一种上等饮料，誉为"西湖双绝"，能喝上这种水，那份惬意和悠然，自然是妙不可言。

黑龙江五大连池矿泉

从黑龙江省德都县西北，越过蜿蜒的讷谟尔河后，一个火山世界便栩栩如生地呈现在你面前。黑龙江五大连池自然保护区像一座引人注目的天然火山博物馆。

五大连池火山群是我国为数不多的休眠火山之一。260年前，即清康熙五十九年六七月间，忽然烟火冲天，其声如雷昼夜不绝，飞出者皆黑石，硫磺之类的，经年不断，竟成一山。这是五大连池火山最近的一次喷发。

五大连池火山群共有14座火山，即南、北格拉球山，老黑山，火烧山，笔架山，药泉山，尾山，莫拉布山，东、西龙门山，小孤山，东、西焦得布山等。其中老黑山和火烧山是年轻的，260年前的那次喷发就是这两座火山的活动。火山喷发时流出的大量岩浆，把当地的白河堵塞，形成五个串珠般的湖泊。五大连池地区山影湖光，奇泉怪石，土壤肥沃，森林密布，景色独特。

五个连续的湖泊，分别叫做头池、二池、三池、四池和五池，故称五大连池。它们首尾相接，连成一串，从山顶俯瞰，五大连池像一串蓝色的宝石镶嵌在碧绿的原野上。这儿游人众多，或泛舟，或垂钓，或游泳，或漫步，十分幽静、别致。

火烧山顶，由于当年喷发猛烈，岩石焦灼，火口大而浅，呈破裂状，把整个大山劈为两半，裂缝狰狞，状态怪异。山脚下桦林中有一清泉，冰冷馨甜甘美。

药泉山下有四孔较为著名的泉流，即北泉、南泉、南洗泉和翻化泉。相传，很久以前，达斡尔一牧民在药泉山附近赶一只腿受伤的麋鹿，当这只麋鹿涉过药泉之后，居然腿伤痊愈，健步如飞而去。于是，达斡尔人最早知道这里泉水的作用。

原来药泉水中含有大量的二氧化碳气体和二氧化硅胶体，有钠、钙、镁、铁和碳酸氢根等离子，还有锶、钡和氡等微量元素，因此具有很高的医疗价值。

南泉和北泉为饮泉，属于铁质重碳酸盐矿泉，主要治神经衰弱、胃、肾、肝和心血管等疾病。根据科学鉴定和临床实践，证明药泉水对肠胃病有特殊疗效。有的多年溃疡病人，经饮用矿水几个月后，痊愈出院。南泉水呈棕黄色，清凉可口，饮后不久便不住地打顺气。北泉水微呈乳白色含许多二氧化碳气体，饮之若汽水。

南洗泉位于药泉河西侧，如一个小游泳池，夏天泉水清凉，每次洗浴20分钟左右，完后可在附近的石龙巨蟒上晒太阳。翻花泉位于北饮泉西北，也是仅供洗浴用的洗泉。翻花泉因二氧化碳汩汩涌出，翻起浪花而得名，泉水中含微量元素相当丰富，对治疗多年不愈的牛皮癣、蛇皮等皮肤病有奇效，又被人们称为洗疮泉。有的秃头病人来此洗浴兼用泥敷头、日光浴、饮水等，头上竟然神奇地长出了黑发。

药泉山东南麓，有一处水量较大的清泉，是由两组大小泉眼组成的淡水泉，无色无味，清澈洁净，疗养病员每天来此泉边洗眼，感觉双目明亮，仿佛点了眼药水，因此又称这个泉为"洗眼泉"。

这些神奇的药泉，不同于一般火山地区的温泉。它们都是温度较低的冷泉，譬如南泉常年水温2.3摄氏度，北泉5.5摄氏度。这些矿泉的形成与火山活动方式和地质构造有密切关系。药泉山是最早喷发的火山之一，处于隆起带中，东侧断裂发育，有十几条断裂线通过，因而成为矿水贮存和出露的地区。

有"圣水"之美称的药泉山矿泉，受到人们越来越多的喜爱和青睐，目前，这种泉水还远销国外，它的神奇的疗效已经饮誉海内外。

飞瀑涌泉

吉林长白山温泉

东北平原东部的长白山脉，风光秀丽，山水如画。自西南往东北，绵亘上千公里。因为表面被白色粗面岩所覆盖，每年又有9个月的积雪，长年洁白如洗，所以称作长白山。

长白山火山群面积达2274平方公里，分布着93座火山锥，其中最著名的长白山主峰白头山，是一座海拔2700米的高大火山锥。火山锥坐落在熔岩高原和熔岩台地之上，山顶白雪皑皑，草木不生，16个山峰嶙峋耸秀，环抱天池，倒映水中，颇有情趣。

长白山是一座年轻的休眠火山，因为最近一次喷发距今不过200多年，所以至今长白山仍有内热外流现象。星罗棋布的长白山温泉群就是地热异长的直接而明显的标志之一。

长白山温泉群主要包括长白温泉、梯云温泉、抚松温泉、屯温泉、长白十八道沟温泉、安图药用泉以及天池西侧的金线泉、玉浆泉等。那些未冷凝的火山物质和侵入的岩浆体是使地下水加热的强大热源，深部矿水沿裂隙涌出地表而成温泉。

著名的长白温泉，距瀑布北约1公里处，面积1000多平方米，30多个泉眼终年蒸气弥漫，散发着热气，水温高达82摄氏度，因泉水中含有较多的硫化氢气体，温泉底部常有许多气泡向上翻滚，并发出开锅似的响声，泉水流出后在泉边形成黄色的硫磺。这种矿泉水，对治疗关节炎、胃病和皮肤病等有较好的疗效。当人们观赏长白胜景感觉旅途疲劳之时，来"怡神浴"里，洗涤爽身，实在妙不可言！

梯云温泉位于长白山西侧，紧江上源梯云河畔，不到10平方米的面积内有7个泉眼。梯云温泉水温60摄氏度左右，属中温热水，与长白温泉一样属重碳酸钠型水。

青山碧水环抱的抚松温泉，水温达61摄氏度，泉水含氮量较高，对治疗风湿性关节炎、神经性疾病和外伤后遗症等病有良好疗效；长白十八道沟温泉属重碳酸钠型水，水温39摄氏度左右；玉浆泉和金线泉均直接注入天池。

安图县的药水泉含游离的二氧化碳、重碳酸根、镁、钠、钙等矿物质，泉水清澈凉爽。炎夏季节，只要将这气泡滚滚的泉水加入白糖，便似可口的冰汽水。药水泉能治疗消化不良、便秘等症。

长白山地区，温泉瀑布，火山遗迹，松涛林海，以其独特的魅力吸引着中外科学家和旅游者。来长白山温泉疗养的游客若有机会去观赏长白山的天池、瀑布和林海，则一定会感到眼界大开，乐不思返。

长白山天池是长白山海拔2700米的主峰白头山的一个死火山口，火山经过年积月累的地下水和雪注入，发育了典型的火口湖。由于它高悬空中，人们称之为"天池"。天池的湖面为9.4平方公里，水深达373米，为我国海拔最高的火口湖和最深的湖泊。天池水色澄澈，呈翠蓝色，岩影波光，风景优美。盛夏，山下的温度在37摄氏度以上，而天池的水温只有8～10摄氏度，因此中外游客四方云集至此，除了饱览"空中明珠"的天池秀美景色外，还可以在这里避暑疗养。

平静的湖水从西北5米宽的缺口外流，在1250米处，断崖壁立，跌水下注，形成高达68米的长白瀑布，也即第二松花江的上游，二道白河的源头。远望瀑布高挂，宛如水帘，到了严冬，天池封冻，但湖水仍能以潜流形式流出，一眼望去，正是"银河落下千堆雪，瀑布飞起万缕烟"，景色十分壮观。

长白山区保存着大片原始森林，素有"长白林海"之称。这里生态蓬勃，资源丰富。有植物1242种，动物550多种。这里生长着许多著名的优质木材：红松、云杉、水曲柳、长白赤松等。

近年来，地理学家、生物学家、考古学家及中外游客纷纷来此，观瞻那水潭激起的喷雪般的飞流和银湖高悬、气势磅礴的天池秀色；聆听长白瀑布的轰鸣声和茫茫林海内阵阵松涛声；沐浴洁净爽身，祛病除尘的长白温泉；同时进一步探寻自然界的奥秘。

北京小汤山温泉

汤山实际上是三座孤立的小山。西边一座比较大，三峰形似笔架者叫大汤山，中间一座仅有一些怪石的叫小汤山，东边一座最小叫后山。这里共有11处温泉，可谓泉眼密集。泉口气泡滚滚，热气腾腾，尤其是隆冬季节，这里一片白雾经天，蔚为奇观。据测量，温泉每昼夜流出热水6000余立方米，其中以小汤山地区泉水温度最高，流量最大，故总称小汤山温泉。

小汤山以南有两个温泉，东面一个水温较高，叫沸泉；西面一个水温适中，叫温泉，两泉相距只有3米多，水温差别却较大。小汤山温泉是怎样形成的呢？如果到处都有地下水，那么按每下降100米地温增高3摄氏度的规律，地球深处的地下水不都是热的了吗？那么凿一个深深的窟窿不就会喷出热水来了吗？

原来，小汤山的地下岩层是硅质白云岩，它们是在10亿年前生成的。由于长期流水的侵蚀和地下水的溶蚀作用，形成了一道道沟缝和一个个溶洞，它们就是地下热水的藏身洞，形成了绝妙的热水储层；岩层上是砂层和土层，这就是松软严实的覆盖层——保持地下热水的大棉被，在地壳内应力的作用下，在小汤山南面出现一条断层线，地球深处的水受热后沿此断层上涌，便形成了温泉。

小汤山地区如今设有北京疗养院，这里环境清幽，风景优美，是北京的又一游览胜处。早在明代时，曾在主泉口的周围修筑汉白玉围栏。清康熙五年，在源泉处凿了一个长方形的池子，深宽各3米多，面积达100平方米。周围环砌白石雕栏。东西两泉均注入池中，水清如镜，有一串串珍珠似的气泡，断断续续冒出水面，好像溅玉喷珠，冉冉上升，及达地面，泛起朵朵水花，则别有一番情趣。池子的北边，有清乾隆皇帝修建的行宫，外筑一道长长的矮墙，内有亭、台、楼、阁，又有荷池百亩，环绕山下，山顶的北面崖石上，刻有乾隆手书的"九华分秀"四字。行宫后面还有湖，湖水是从原来的小石山上引导的山泉，湖周多枫树，秋深时节，层层红叶，与苍翠的古柏相映成趣。

北京小汤山温泉最高温度达53.3摄氏度，水里含有的化学成分主要是：钠、钾、钙、镁、碳酸氢根离子、硫酸根离子，并含有少量的铀、镭、氡等放射性元素，还有大量的氮和少量的氧、二氧化碳等气体。矿化度为0.43/升，PH值为7.17，属于弱碱性的含氮的热矿泉水，是良好的医疗用水，对治疗风湿性关节炎、神经衰弱和皮肤病有较好的疗效。利用温泉水洗浴疗病，深受广大群众欢迎。因此，北京疗养院充分发挥其医疗、体育、综合理疗的综合效益。

在北京地区，利用地下热水供住宅取暖是很诱人的。自1975年以来，北京人民美术出版社等11个单位，先后用地下热水供暖，面积近20万平方米。其中北京城区的9个单位利用地热供暖。

此外，在小汤山地区，还可以修建温室，开辟地热实验农场，用以暖化土壤，提前育种，保护水生植物和鱼类过冬等，不需要大量投资，却可以成功地利用地下热水发挥其热效应。

目前，要注意的是保护泉眼，不使其干涸断流。近10年来，北京大小汤山的十几处温泉已经先后断流干涸，仅剩下的北京疗养院的东、西两泉。所以关于北京地区的地下热水是否可以大面积开采是一个值得商榷的问题，还需要科研人员进一步研讨才能决定的。

北京延庆佛峪口温泉

　　延庆佛峪口温泉，位于佛峪口松山森林公园内，四周景色奇秀，令人心旷神怡。

　　松山横立于碧波千顷的官厅水库北岸，群峰竞举，重峦叠嶂，一道天堑自北向南斩断群山，底下是一座拦河坝，坝后就是佛峪口水库。沿着水库东边的一条蜿蜒曲折的简易公路行走，即可到达松山林场，这里树木参天，浓荫匝地，环境清幽可人。

　　穿过松山林场，拾级而上，约百米之遥，就到了温泉。泉水自岩石中涌出，流入浴池。池内清澈见底。浴池的设计颇为精巧，每池各长6尺，宽4.5尺，深2尺多。池底池壁全用远地运来的浅灰绿色条石砌成，致使池中温水显得更加碧绿清新；在池沿下2寸的地方，有一溢流孔，池面污垢可由此流到室外。在各池东壁正上方，都伸出一个汉白玉雕凿的龙头，每昼夜有数十立方米的泉水，从龙口注入池中，激起无数白色的水泡。

　　佛峪口温泉，历史悠久。早在1400多年前北魏郦道元的《水经注》中就有记载，说泉水炎热就像汤，能疗疾等。由此可见，1400年前人们已经知道这里的温泉能治疗疾病，并已利用这天然医疗条件治病疗疾。以前泉水温度极高，非降温不能用，而现在水温才42摄氏度，尽管如此，该泉疗养的功能并未因此而逊色。

　　从温泉再往北行，只见群峰耸翠，松柏遍植，清流潺潺，柳、杨婀娜多姿，一片生机。有条崎岖小路，可以到达八仙洞，再从八仙洞往北到达松树梁。此地是一片天然次生林，满山满沟尽是松树。莽莽苍苍，郁郁葱葱。在这片大森林的深处，还藏有许多珍禽异兽。置身这鸟语花香，松涛滚滚的世界里，仿佛来到了世外桃源。对于那些寻幽探趣的朋友，这里确实非常迷人，是最佳的去处。

青少年自然科普丛书

qingshaonianzirankepucongshu

飞瀑涌泉

河北承德热河温泉

河北省承德市北的避暑山庄，是清朝皇帝的行宫，规模宏伟，综合了我国各地建筑艺术的风格，成为我国各地建筑胜迹的缩影。它与山庄外围巍峨雄伟、具有民族特色的外八庙构成的文物风景区，成为驰名中外的游览区。

1702年，年近五旬的康熙皇帝，进入武烈河河谷，只见怪峰林立，雄奇险峻，河岸绿柳成荫，河水清澈见底，不远处热河泉水雾蒸腾，萦绕其上。康熙被眼前的真山实水，清朱碧波的美景所陶醉，于是，他正式颁令兴建热河行宫，也就是后来的避暑山庄。

大约在7000万年前，承德地区曾发生了规模巨大的火山喷发，火山岩浆沿岩层裂缝溢出，又使岩层出现了许多断裂缝，地面上的水通过断裂缝深入地壳深处，以地热加温后，水温升高，再沿燕山断裂带中涌出地面。热河泉的水温只有9～11摄氏度，但是，它仍高于当地年平均气温，所以它仍不失为温泉。热河泉虽含有较高的碳酸钙、碳酸镁，但矿化度很低，饮用甘甜可口，水中还含有少量可溶性二氧化碳，饮后清凉爽口，可谓天然汽水。此外，微量的氟，可使牙齿洁白无龋；低量硼酸，又有消炎防腐之效。当初营建避暑山庄第一阶段的主要工程，就是在热河泉旁开拓湖区，疏浚泉水。山庄建成之后，在热河泉东侧的平地上开辟了田园瓜圃，引泉水浇灌，瓜果格外香甜。

热河泉位于承德避暑山庄内湖区的东北隅，湖畔立一块自然石，上刻"热河泉"三个大字。这里是热河泉的源头，清澈的泉水由地下涌出，流经澄湖、如意湖、上湖、下湖，自银都南部的五孔闸流出，沿长堤汇入武烈河。因此1933年泉旁曾树一碑，上刻"热河"两字，被当作世界最短的河而列入《大英百科全书》，一时扬名于世，然而，正确地说，它只是一个泉，而非河。所以，1979年正式定名"热河泉"。

　　热河泉是山庄湖泊的主要水源，泉流四涌，汇成碧波千顷。严冬季节，山庄内外银装素裹，冰天雪地，惟此处碧水涟漪，云蒸霞蔚，春意盎然。夏季，此处清泉细波，清澈晶莹，冷砭肌骨。怪不得清朝皇帝叹为观止："名泉亦多览，未若此为首。"

　　山庄以山名，而胜趣实在水，因而湖区也就成了山庄风景优美之处，湖区的景致，大致可循三条路线游览。东线自东宫后部湖畔的水心榭游览湖区东部和北岩的风光；中线，自万壑松风而下，沿北行；西线，出正宫岫云门，沿林荫道，饱览湖西岩和湖滨风光。热河泉是东线风景的核心。

　　热河泉四季不同的景致构成一幅幅美妙的画面。春天，因澄湖位于泉水源头，湖水清澈见底，游鱼往来，悠然自得。

　　夏天，浮萍点点，撒满水面，泛起阵阵清香。乾隆皇帝遂在澄湖北岸修了一处建筑：萍香泮。

　　秋天，泉水融融，水温较高，节令过了白露、霜降，湖中种植的重台、千叶等品种的荷花，仍然翠盖临波，流风冉冉，芳气竟谷。康熙皇帝遂在泉南建了"香远益清"。

　　冬天，白雪皑皑，树断云低，山庄大部分湖面的冰层厚达40余厘米，但澄湖水面涟漪轻泛，倒影乱真，游人临此，仿佛到了人间仙境，惊叹不已。

内蒙阿尔山温泉

　　阿尔山温泉位于大兴安岭西麓内蒙古兴安盟科尔沁右翼前旗的阿尔山镇，距中蒙边境不远。阿尔山是蒙语"圣水"的意思。

　　在内蒙古草原上，流传着一首古老的民歌：最吉祥的是梅花鹿的双腿，最神奇的是宝泉阿尔山。这两句民歌来源于一个瑰奇而美丽的传说。

　　清代，一个蒙族王爷叫奴隶去打猎，一只腿上中箭负伤的梅花鹿，跌落在大兴安岭密林深处的泉水池里，池面冒着团团热气。一瘸一拐的梅花鹿游到彼岸竟然箭伤平复，跑得无影无踪。王爷发怒，把奴隶的双腿打断，扔到草原上去喂狼，奴隶哭喊着找到那处泉水，他用泉水洗涤伤口，饮水充饥，想不到，几天之后，断骨重新接好，人也格外健壮了。他欣喜若狂，唱起了那首民歌。梅花鹿和奴隶能得救都是靠阿尔山的宝泉水。

　　阿尔山矿泉区，在长500米、宽40米的草地上，密密匝匝排列着48个泉眼。晶莹澄澈的泉水汩汩而出，久旱不涸。有的相隔咫尺，有的相距数丈，但温差大得叫人不敢相信。冷泉只有1摄氏度，温泉不凉不热，高热泉则像滚沸的开水，终年升腾着热气。矿泉的排列形状也极为有趣，像一个南北躺卧的人体形，有"头泉"、"五脏泉"、"脚泉"，里面细看还能分出"眼泉"、"胃泉"等。人们传说，不同部位的泉水对治疗人体相应部位的器官病变，有着神奇的疗效。

　　阿尔山温泉的这种"不打针，不吃药，却能治好病"的神奇功能与其地质成因和化学成分密切相关。阿尔山矿泉出露于山间洼地第四系砂砾石层中，砂砾石层下的侏罗系火山岩层中存有断裂带。地下水沿断裂带经深循环加热后增高了水温，受承压而出露于地表，因此具有深循环地下水的水化学特征，属重碳酸钠型水。温泉中含氟量较高，多达18毫克／升，二氧化硅含量在15毫克／升左右。据有关部门化验和临床记载，温泉中含有铜、锰、锶、钛、钼、铝、钡等多种微量元素及放射性元素镭、铀，对人体的运动器官、消化器官、心血管系统、神经系统、呼吸系统等疾病均有较高的疗效。特别像治疗风湿病、关节炎、外伤引起的腰腿疼、胃肠病、皮肤病、脱发病等，效果更显著。

阿尔山除了驰名中外的矿泉疗养院以外，还有多处风景旅游区。每个风景区各有神韵，别具一格。

春天，杜鹃盛开，迎风傲雪；夏天，林海绿浪，百鸟齐鸣；秋天，红叶如火，层林尽染；冬天，壁挂冰凌，山披银盔。一年四季，既有珍禽益兽，又有奇花异草，诸如飞龙、雪兔、乌鸡、马鹿等国家一二类保护动物；以及黄芪、芥梗、百合、芍药等名贵的中药材。

此外，由火山岩形成的石塘林、火山堰塞成湖的松叶湖等景区，点缀着阿尔山这块宝地。天池林场绿波浩渺的林海松涛之间，还镶嵌着一汪水明如镜的天池，倒映着青山、松柏、怪石，大自然的奇妙杰作，加上蒙古包里飘出的四弦胡、马头琴声，简直把人带入了一个奇幻的世界之中。

南京汤山温泉

汤山位于南京中山门以东，这里山清水秀，风景优美，泉眼群集，终年泉水汩汩，热气腾腾。

汤山地区，大约5亿年至2亿年以前的3亿年的时间内，形成了很多成层的沉积岩。由于地壳变动，这些成层的岩石向上拱起形成一种好像馒头状的地质构造，地质学上称之为穹形北斜。到了距今1.5亿年的晚侏罗纪初期到7000万年前的晚白垩世末期，地壳又发生了几次剧烈的变动，汤山这个穹形背斜被北北东和北北西向两组断裂切割得支离破碎，温泉水就在这两组断层线交叉的地方出露，或是沿着北北东组断层的裂隙中潺潺流出。

那么为何汤山温泉"四季如汤"呢？

原来汤山地区通向地球内的断裂构造较发育，当水在地球内热带中沿着裂隙下渗时，由于地热的影响，水温就逐渐升高，每深100米，温度升高3摄氏度。在深达1000米以下时，即可获得较年均温度高33摄氏温度而达50摄氏度以上。汤山温泉水的来源乃是大气降水渗入地下深处，经过地热"加热"后，沿断层裂隙再出地表而形成的。

汤山温泉的水呈微黄色，透明度较好，没有臭味。水中含有硫磺、钙、镁、钾、锶、铁及少量放射性的钍、镭、氡等30多种化学物质。由于汤山温泉水中所含硫酸根离子较多，而且平均水温都在50～60摄氏度，所以一般称汤山温泉为"中温硫酸盐水"。此外，汤山温泉水面上还有氮、氧、二氧化碳、氢及乙烷等气体逸出。这些化学成分，主要是大气降水在下渗过程中，溶滤了各种岩石和矿脉成分所带来，其中有些离子也可能是从深部低温热液中得来。

汤山泉水清澈透明，对皮肤病、关节炎、神经痛均有疗效，有的还能杀死寄生生物，使皮肤细洁光滑。自南朝以来，历代达官显宦，文人雅士来此游览沐浴。据说，唐朝德宗时候，浙江观察使的女儿得了"恶疾"，四处求医没用，后来听说汤山泉能治病，专程送女儿到汤山沐浴，果然很快治好了她的病。为此，他用为女儿陪嫁的费用，在这里修建了汤王庙。

汤泉镇的温泉水，除用作洗浴外，大量的水用来培育水浮莲，同时这里还有远从万里以外乔迁到此安家落户的非洲鲫鱼，它们在这里生育繁殖，生活得很好。因此温泉附近的农民得益匪浅。

汤山温泉的泉眼附近，人们可以看到许多结晶较好的天然矿物。其中有白、浅黄、灰白等色的菱形体方解石，还有浅黄、浅绿、淡紫的立方体或八面体萤石。这两种矿物都是温泉水带到地面的沉淀物，称"泉华"。美丽多姿的泉华，是大自然生命的凝结，能勾起人们无限的遐想。

安徽黄山汤口温泉

　　黄山温泉位于皖南歙县以北黄山风景区黄山宾馆右侧逍遥溪边，风景秀丽的紫云峰下。源头石壁上有古人"天下名泉"、"飘然欲仙"等题刻。黄山温泉因喷流不绝，似琼浆玉液，清澈如镜，与黄山的奇松、怪石、云海称为黄山四绝。

　　黄山温泉位于悬崖之下，泉甘且冽。关于黄山汤泉还有一个美丽的传说。据讲轩辕黄帝与容成子、浮丘翁同游此山，黄帝还在此炼丹修真。于是历代文人墨客曾沐浴黄山汤泉，留下了许多赞美诗篇。

　　据记载，最早开发利用黄山温泉始于唐代，大历年间歙州刺史薛邕患时疫，浴之痊愈，于是立庐舍，设浴盆，病者入浴大多自愈，自此，温泉名声大振，被誉为"灵泉"。

　　相传黄山温泉久旱不涸，霪雨不溢，四时如汤。其实，这与其地质成因有关。黄山温泉属于构造泉，分布在黄山花岗岩体和围岩的接触带附近，泉水自花岗岩体的破裂带溢出。黄山温泉水温常年保持在42摄氏度左右，黄山的水温、流量均较稳定。黄山的年气温变化幅度为28摄氏度，而温泉水温变化幅度仅0.5摄氏度；黄山年降雨量的变化幅度为840厘米，而泉水水量的变化幅度仅昼夜26吨之差。可见其流量虽降雨有同步起伏，但无暴涨暴跌现象。所以，黄山温泉久旱不涸，大雨不溢。

　　黄山温泉属碳酸型的温泉水，矿化度约0.08克／升，PH值为7～8，二氧化硅含量为45毫克／升。水中的碳酸氢根离子和钙离子偏高，含有一定量的氧气和二氧化碳。水温高，水质洁，饮可健身，浴可消疾，所以人们都乐于去滌污去尘，祛病爽身。黄山温泉是黄山接待的中心。如今在温泉出露的10多处均建立了温泉浴室和温泉游泳池等设施，游客旅途或登山疲劳，入浴池浸泡片刻，便会疲劳全消，心身愉快。

　　黄山集天下名山之大成，夙有"天下山景之王"，"黄山归来不看岳"的赞誉。黄山的山景以雄、险、奇、幻为特色。黄山松破石而生，依势而长，与山石相应成趣，无不动情，无不入画。黄山四时云雾缭绕，人行其中，时而穿云破雾，时而云开日出，犹如梦游世外仙山，实在是其乐无穷！

温泉之城——福州

福州是座有2000多年历史的古城。北宋时，有了"榕城"的美名。直至现在大街小巷仍然是古榕遍布，浓绿丛丛。在这风景秀丽的南国城市里，还有一个著称于世的温泉出露带。

福州温泉得天独厚，其数量之多，水质之佳，在我国的大中城市中是独一无二的。自古就有福州温泉甲东南之誉。在该市区东部，从五一路到六一路宽两华里的范围内，温泉涌溢，沸珠串串，泉口热气腾腾，浴池毗邻呈现。温泉出露带面积约占福州市面积的七分之一。邻区还有桂湖、洪塘、宏屿、浦口等温泉分布。据史书记载，有名的温泉就有8处之多。到1911年，福州城内有温泉井50~60眼。目前，该市热井已达176眼之多。

福州的温泉水质特别优良，有三个显著的特点：一是温度高，一般在40~60摄氏度，最高可达98摄氏度。二是水压大，埋藏浅。这里温泉大多深40~65米，涌水量达每秒0.5~1升，钻孔涌水量可达每日900吨，钻孔喷出地表的高度最高可达25.9米。三是水质纯净，无色无味。泉水含钠、钾、氯、氟、氡及微量元素钼、镓、钛等，对治疗皮肤病、风湿性关节炎、神经痛等疗效甚佳。

福州温泉很早以前已被当地用于医疗卫生方面。远在唐代，人们就发现这里有地下温泉，到北宋嘉佑年间，温泉已被广泛地利用，全盛时期共有大小浴室40多家，分为"官汤"、"民汤"。

现在，市区澡堂浴室都取用温泉水，不少居民的家里也有热水井，用水十分方便。温泉路一带有几十家对外的温泉澡堂和温泉疗养院，一年四季从早到晚开放，入浴者络绎不绝，每年达1000余万人次，有100多个单位用地下热水资源，从事工业、农业和水产养殖业等方面的生产，热水累计年开采量达330多万吨。

福洲温泉每年开采出来的热水如此之多，而这些巨量的地下热水是从哪里来的呢？温泉出露带又是怎样形成的呢？

原来，福州地处温暖湿气候带中，有充沛的大气降水，这些降水能源源不断地沿裂隙下渗形成丰富的地下水；福州盆地又是岩浆活动强烈、断裂构造发育的地区，而且表层有隔水、保温的粘性土层存在，阻止热能和热水的散失。这些水文地质条件有利于地下水向地壳深部渗透，在渗透过程中，在释热岩体的热传导作用下，逐渐形成热水储蓄起来。而经过福州市的北北西向断裂给热水的活动提供了通道。地下热水正是沿此通道上升并与浅部温度低的冷水发生混合作用，形成了浅层中温热水和温泉出露带。

随着对外开放的发展，每年来福州观光旅游，洽谈生意的海内外同胞及外宾不断增多。福州温泉使人倾慕，为这座迷人的城市增添了无穷的魅力。

台湾的温泉群

宝岛台湾省面积不大，但全省处处都有温泉，总数在80～100个，平时供使用和参观的亦达50余处。和有温泉王国之誉的日本相比，毫不逊色。

台湾温泉形形色色，泉水的温度一般局限于38～70摄氏度与84～99摄氏度两个区间。台湾有四大温泉区，集中在大屯山火山群、东北部、西南部及东南部地区。由于台湾横跨两大性质迥异的板块，处于最大的欧亚板块的边缘，若干万年前这里曾发生过火山喷发，如今这些火山虽已熄灭，只残留一些死火山或火山岩小岛，不过底下尚有未冷却的火山岩浆，就使得这些地区的地温热流量甚大而不同于其他地方。这便是台湾多温泉的原因。

台湾温泉中，以阳明山温泉、北投温泉、关子岭温泉和四重溪温泉最著名，被称为台湾四大名温泉。

阳明山，原名草山，在台北市北郊，位于七星山以南，纱帽山东北，磺溪上游。山上花影摇曳，有许多景点，风景绝佳，气候宜人。所以台湾许多军政要员，多择此地建造别墅，为游玩时休憩用。

阳明山的温泉对这里的景致画龙点睛。阳明山温泉与北投温泉并称为姊妹泉，在台北享有盛誉。温泉自七星岩中涌出，属乳白色和暗绿色两种单纯硫化氢泉，质似米浆，呈弱碱反应。但其水质清洁，水量丰富。四季不竭，可饮可浴，浴后对皮肤十分有益。温泉的水温为57摄氏度，经地下管道导入浴室后温度有所下降，可洗浴。

北投温泉在台北市的郊区，位于台北盆地东北角，淡水河的东面。北投同整个台北盆地一样，原是一处沼泽地。距今300多年前，那里只有土著人驾独木舟来往其间，外面其他的人是不敢进去的。

据史载，北投的开发主要靠福州泉州府的移民。北投有新北投、旧北投、上北投、顶北投之分。新北投在一片青山翠谷之中，三面环山，温泉环涌，被列为台湾省十二名胜之一。

北投寺庙之多，亦堪称奇。众多的寺庙里常常信徒如流，香火鼎盛，古刹钟声配以苍林幽泉，别有天地。梵刹钟声、北投夜色、磺泉玉雾被称为北投三大奇观。

北投温泉密布，历来有温泉之乡的美誉。泉质多为硫磺泉。火山群西南麓北投温泉区，纵横50多公里，有磺溪纵贯于中，沿溪温泉泉眼和地热气喷口密布。泉水流量甚丰。区中磺溪奇观最突出者为"北投温瀑"和"地热谷"。

北投温瀑在北投公园北隅，瀑布从巨岩上直泻下来，水花四溅，飘洒成雾，溅起的水珠沾于皮肤，温热若汤。原来这是溪谷上游滚热的温泉水汇聚在巨岩上方，跌落岩下而成，虽然高仅20余米，但景致潇洒，不能不说是人间稀有的奇景。

从温瀑侧旁密林盘山而上，直到瀑布源头，便到了驰名中外的北投地热谷。居高俯瞰谷中，可见一个大洞。涌若大井，涌出热滚滚的泉水，犹如山东济南趵突泉大泉口。涌泉较水平面高出一二尺，旋转若轮。洞口喷出高约三四十米的白烟柱，喷声响若奔雷，声震数里。

地热谷水温高达90摄氏度以上。倘以铁丝网盛鸡蛋沉于水下，几分钟便可煮熟。站在谷侧岩壁上居高临下，欣赏那颜色微黄的磺雾水汽弥布崖谷的风光，终日烟雾迷茫，令人如坠幻境。

关子岭温泉在台南县白河镇东面，四周群山环抱，清水一泓，为台湾南部第一温泉。

关子岭温泉又称"水火同源"。因为那里岩隙涌泉时同喷烈焰，高达丈余，水不淹火，火不下水，水火相错，泉水滚滚如沸，火焰从水中腾起，无烟无臭，池水清澈甘美。游客们莫不以到此一睹为快，以洗个浴为乐事。

这里的温泉分为清、浊两穴。浊泉温度约80摄氏度，色呈浅灰，状似汤泥，为盐类碳酸泉，用以治疗神经系统疾病、皮肤病、关节炎等有奇效；清泉温度约50摄氏度，水质清纯，味甘可饮，并可治肠胃病。游人可依各人耐温程度而任意选择入浴，别具风味。

关子岭温泉自1710福建高僧参彻和尚发现至今，甘泉不断，烈焰不熄，是"水火相容"的惟一大自然奇观。因此，每年都有不少人到此观景沐浴。

四重溪温泉在台湾屏东县恒春镇以北的群山之中，泉水从虱目山麓的石缝中涌出，水清质佳，无色无味，水温在45～60摄氏度之间。该泉含有一种酸质，可饮可浴，而且能治疗慢性消化道疾病，这是别处温泉难以具备的优点。

四重溪温泉水清见底，当你入浴池却觉得水滑腻得像油一般，使人舒服异常。人们都说，即使带着满身的疲惫与灰尘，只要到四重溪温泉中经它洗涤与抚慰，便会觉得浑身舒畅无比，浴罢甚至会产生飘飘欲仙之感。

四重溪温泉处在莽莽群山之中，这里空气清新宜人，未受污染，天空高远蔚蓝，周围是一片清幽恬静的田园风光，环境怡人。

台湾的温泉，犹如一颗颗煜煜生辉的明珠，点缀在富饶美丽的宝岛上，闪烁着耀眼的光彩。

广东中山温泉

　　中山市，在珠江三角洲南部，此地风物宜人，原名为香山，隋唐时设置香山寨，南宋即1152年为香山县。1925年，为纪念孙中山先生，改名为中山。

　　中山温泉位于中山市三乡雍陌村锣鼓岗下，距澳门30多公里。

　　中山温泉，水温高达90摄氏多度，水质好，含有丰富的氯化物、铁、铜、锌、硫酸盐等矿物质，对疱疖、癣疥等皮肤病以及关节炎和神经衰弱均有较好的疗效，而且温泉水量极丰。

　　提起这个温泉，还有一段动人的民间传说：在雍陌村锣鼓岗上原有一面铜鼓，敲起来宏宏作响，鼓声响处，预示着风调雨顺，五谷丰登，因而山下平川有金川斗湾之称。但是传说毕竟不能当真，据地理学家考察，此温泉为断裂构造泉，下部地层与地壳裂缝深入地球深处，地下水经裂缝中渗出，地热使水温增高，因此形成温泉。

陕西临潼华清池

古城西安是我国历史上最有影响的周、秦、汉、唐等10个王朝的首都，历时约1100多年，在六大古都中，它是建都最早，为时最长的首都。这里秦岭千峰苍翠，四周八水环绕，气候温和，风物宜人。大自然恩赐给人们不少汤泉，其中最负盛名的要数临潼县南的华清池。

华清池位于苍翠清幽的骊山北麓，西距西安50里。千百年来，华清池那旖旎的风光、众多的古迹和温滑的泉水闻名遐迩，蜚声海内外。

华清池也叫骊山温泉。西周时，周幽王曾在这里建过"骊宫"。秦始皇时，又建造殿宇，砌石成池，赐名"骊山汤"。唐贞观十八年，建起"汤浴宫"；天宝六年，又大兴土木，再次扩建，使骊山上下，亭台楼阁错落，曲道回廊相连；并将泉池置于豪华的宫殿楼阁之内，改称"华清宫"。因宫在泉池之上，故泉为华清池。华清宫内外垂杨细柳，花繁草茂。宫中有六门、十殿、四楼、二阁、更有长汤十六所，可谓壮丽豪华。

安史之乱，使华清宫遭到严重的破坏，以后虽有修复，但已大不如前。清乾隆年间，又新修一些汤池。八国联军入侵时，慈禧太后带着光绪皇帝来西安避难，曾在这里住过。

这里的温泉共有泉眼四处，水温41.7～44.1摄氏度，矿化度低，是一个富含氡硅氟及许多微量元素如铁、锶、钙等的矿泉，具有消肿去毒，润肤去疾的功能。在医疗矿泉分类上，属于高温硫酸钠型淡水。

解放后，华清池得到修复扩建，现在已成为广大人民休憩沐浴的场所。走进五门，只见翠柏成荫，鲜花点点，两长排汤池专供游人沐浴，再进飞霞门，有船亭、杨妃池和五间厅等建筑群。从杨妃池西转，就是温泉源。一泓碧波，迷雾缭绕，脚下暗道，潺潺有声。这里引人注目的是九龙池，九龙池被石堤一分为二，堤半壁有九个石雕龙头，吐泻流涎，水声潺潺。岩边垂柳花篱，倒映水面。池北的飞霜殿，飞檐斗拱，画栋雕梁，古色古香。西侧有九龙汤、莲花汤和海棠汤三浴池。

那么这处千载流泄的汤泉是如何形成的呢?

首先,这里温泉地热的主要来源是处于地下深部正在冷凝或者已经冷凝的岩浆所散发的余热,引起局部地温升高。在具备这样热源条件下的地下水,就像我们用炉子烧水一样,会慢慢地热起来,首先形成一个地下热水带。只要地下热源的热量不变,上升的温泉温度也稳定不变。

其次,地下热水附近的岩层的矿物成分,是地下热水和温泉水质成分的主要来源。地下热水在活动过程中,溶解了周围岩层的部分矿物成分,并把它带到地表形成了矿泉。因此,矿泉水质成分的不同,主要取决于形成地下热水附近岩层的组成成分的不同。

第三,断裂带,尤其是两组或多组断裂相交或复合的地方,在地形上又是切割较深的河谷地带,就可为温泉的出露提供最有利的条件。因为,纵使地下深处有热水,如果没有上升的通道,也不可能达到地表而形成温泉。华清池温泉,就正处在两条断裂的交叉上。

据历史资料表明,华清池温泉已经流了3000年以上,今天仍然畅流无阻,并保持着31.6升／秒的流量。这说明这里上升的热水和下渗的冷水大致平衡,所以华清池温泉才能长期以来汩汩不断,造福于人类。

云南腾冲温泉群

腾冲位于云南省西部，怒江以西，高黎贡山西坡，这里与缅甸为邻，是我国西南边陲的一个边防重镇。这里山川并列，盆地相间，山高谷深，自然景色壮丽多姿，但是，腾冲最著名的还是奇特而壮观的火山和遍布全县的热泉。

腾冲的气泉、温泉群共有80余处，平均每70平方公里就有一个泉群点，其中11个温泉群，水温高达90摄氏度，腾冲是云南省泉群分布最多，密度最大的县。腾冲的泉群不仅数目多而且类型复杂齐全，为国内罕见，有高温沸泉、温泉、地热蒸气、喷泉、巨泉、低温碳酸泉、毒气泉、冒气地面等等，种类繁多，简直像一座地热自然博物馆。

高温沸泉：温度均在95摄氏度以上，高出当地沸点，泉水翻腾滚动不息，被当地人叫为"滚锅"。

喷泉：高温、高压水热蒸气从圆形小孔中喷射而出，高出一米多，再纷纷撒落下来，如礼花四射。县城南新华区太和乡硝塘卜高河床中的喷泉，长达半公里，时有时无，涌沸时隆隆有声，水柱可迸出一人多高。

巨泉：一般高出常温两三度，冬夏不变，而涌水量巨大，其热流量占整个腾冲地区的三分之一。巨泉周围四季芭蕉常绿，隆冬季节远看就像一块镶在大地上的翠玉，姣艳迷人。

低温碳酸泉区：一泓清泉，温度与常温一样，但逸出的大量二氧化碳等气体，把它搅得上下翻滚，好似一锅滚开的沸水。

硫酸泉：热气腾腾，到处是嘶嘶的响声，地表砂石裸露，寸草不生，人们不敢涉足，成为天然禁区，这些罕见的奇物景观，构成腾冲地区美妙的泉群画卷。

与各种热、气泉相伴而生的还有为数众多、千姿百态的泉华景观。泉华是热、气泉从地下带来的大量矿物质沉淀、升华的产物，它美丽多姿，常常能引起人们无限的遐想。

在硫磺塘西南的黄瓜箐热气沟，路旁随处可见黄晶晶的硫磺。热气泉穿砂破石，不断喷出，热气的温度高达95摄氏度左右。这里建有黄瓜箐温泉疗养所。疗养所的浴池就砌在冒气的地面上，引入溪水，地面的蒸气就把它加热成热水。除此之外，还有一种蒸气和水浴相结合的沐浴方法。在石墙温泉，还有热水泉床，泉出浴池旁，凿沟引进浴池，沟上搭以竹床，热水从床下流过，蒸气遂沿床而上，清洁、卫生，非一般的人工浴室所能比！据分析，这里的汽泉含有钍元素衰变而成的大量氡气，以及其他多种化学物质成分，它与各种中草药配合，能治疗运动、神经、消化、呼吸、心血管等系统的二三十种病症，其中尤以风湿性关节炎、腰肌劳损、坐骨神经痛等疗效显著，有效者高达80%以上。往往来时，骑马、人抬、撑拐棍，走时稳步、挺胸、迈健步。

由黄瓜箐前行可到达澡塘河。河中有一个被火山熔岩堵塞形成的三丈高的瀑布。瀑布右侧悬崖上又有一个狮子头模样的泉口，涌出的水量更大，形成几米高的半圆形水柱，叫狮子头热泉。瀑布以下的河床上也喷涌出大量的热气、热泉。大团的白色浪花从河底翻腾而上，河面上水汽迷茫，白雾腾腾，在冬春季节，河水流量小的时候，整个河段的水温都在40摄氏左右，处处可以洗澡，实在是名副其实的澡塘河。

腾冲地区，是我国保存最好，最壮观的新生代死火山群，与火山相伴生的地热景观，更是国内罕见。一泓热海，奇妙无比。只有身临其境，才能感觉到其中的乐趣。

贵州息烽氡泉

息烽氡泉坐落在贵州省息烽县城东北的天台山麓，这里海拔700米，空气洁净，林木苍翠。清水河和黑河滩两股溪水，曲折流来，在此悠然汇成一条小河，河右岸分布有七八个泉眼，滔滔泛花，滚如连珠，成为贵州省久负盛名的疗养和旅游胜地。

息烽温泉是在远离岩浆源地区由大气降水补给，降水渗入地壳深部经地热增温加热，再沿震旦系白云岩的裂隙涌出地表形成。关于息烽温泉的化学成分，以前一般认为含碳酸钠、碳酸钙等矿物质，把它归入碳酸泉类，后经深入的科学研究测定，才发觉它是一处较为罕见的氡泉。

自然界中各类矿泉水里一般都含有氡，但因受各种地质条件的影响，绝大多数的含氡量却是微乎其微，不具医疗价值。只有当矿泉水中的氡含量达到一定浓度时，在临床上才有显著的治疗效果，所以对氡泉的含氡标准就有严格的规定。按我国的规定，每升矿泉水中的含氡量达8.25马谢，方可定为氡泉，而息烽温泉的矿泉水中氡含量已达每升12马谢，矿泉蒸气中竟高达32马谢，这在国内众多的温泉当中实属罕见。

氡泉为何具有较高的医疗价值呢？这与氡元素对人体的医疗作用有关，氡是一种由镭衰变的放射性气体元素，在地壳深部的高压下，它可溶解于地下热水中并随之带出地表。但其在水中的溶解度极小，氡分子与水分子的结合能力又很弱，因此，必须在特定的地质环境中才不致被释放出来。

氡泉具有极高的医疗价值，"一沐神汤万病除"，固然有些夸张，但息烽温泉对皮肤瘙痒症、类风湿及风湿性关节炎、外伤后遗症、坐骨神经痛、原发性高血压和冠心病等均有显著疗效。以前对息烽矿泉水何以会有如此之高的疗效无法作出正确的解释，直至确定其为氡泉后才揭开了其中的奥秘。

飞瀑涌泉

　　息烽温泉的水温常年保持在53～56摄氏度，并且地下储量丰富，单以目前的泉眼，昼夜涌出地面的天然热水可达4吨多。若登高远眺，你会发现数股清泉沿天台山麓的石隙中涌出，宛若晶莹的珍珠点缀于山间盆地之中，息烽温泉不愧为云贵高原上的一颗灿烂夺目的明珠。

西藏地热区的间歇喷泉

西藏素有世界屋脊之称，冰雪覆盖，但是就在这冰雪世界之中，却有一些地区，终年云蒸雾罩，地面滚烫炙人，湖水热浪翻腾，一股股热蒸气由泉眼中喷薄而出，直冲云霄。这便是西藏著名的地热景观。

西藏的地热由来已久，唐代的《法苑珠林》中就有记载。据科学家考察，早在4000万年以前，由于现今印度半岛所在的印度板块从南半球不断北移，并最终与欧亚大陆板块的南侧相撞，使地壳褶皱、隆起，地面抬升，形成西藏高原。高原南部的水热活动，就是这一过程中地壳内发生构造变形和岩浆活动的反映。科学家把高原南部的水热活动带命名为喜马拉雅地热带。在这条地热带内有热水湖、热泉、沸泉和各种泉华等地热显示类型，还有世界上罕见、我国仅见于西藏的水热爆炸和间隙喷泉现象。

在喜马拉雅地热带内一共发现了11处水热爆炸区。在各种地热显示中，水热爆炸是最为壮观的。1975年11月12日傍晚，阿里地区纳木那尼峰脚下，突然爆发一阵震撼天地的巨响，牛羊吓得四处惊逃。巨大的灰黑色烟柱腾空而起，上升到大约八九百米的高度，形成一团黑云飘走。从爆炸口抛出来的石块，有平底锅那么大，一直打到1公里以外的地方，爆炸后9个月，穴口依然笼罩在弥漫的蒸气之中。留下了一个直径约25米的大坑，称为圆形爆炸穴，穴体充水成热水塘，中心有两个沸泉口，形成沸水滚滚，奔腾不息的湍流区。

西藏是我国目前发现的惟一间歇泉区，分布在那曲县塔各加、昂仁县查布和谢通门县谷露等三处，以塔各加规模最大。高温间隙泉是自然界一种奇特而又罕见的汽水两相显示，它是在特定条件下，地下高温热水作周期性的水汽两相转化，因而泉口能够间断地喷出大量汽水混合物的一种特殊水热活动。相邻的两次喷发之间，有着相对静止的间歇期。

在雅鲁藏布江上游的昂仁县，有一个名叫塔各加的地方，该地热区水温高达85摄氏度的沸泉口有近百个，其中有四处间歇期不同，喷发形式各异的间歇喷泉。在一个地热区同时出现，景象蔚为壮观。其中最大的一天之中要喷发好几次。每次喷发之前，泉口的水位缓缓抬升，随着一声巨大的吼声，高温汽水突然冲出泉口，即刻扩展为直径2米左右的汽水柱，由低渐高，直上半空，最高可达20余米，喷发时间长短不一，有的一瞬即逝，有的长达10余分钟，然后渐渐回落。刚平静下来，猛地，水头又一次冲出泉口，呼啸而出。这样反复几次，直到最后完全平息。

间歇喷泉的突然喷发，激动人心的声势，令人赞叹不已，这种交替变换的喷发和休止，决定于它巧妙的地下结构和地热活动过程。打个比方，如同"地下锅炉"把水烧开，热水和蒸气冲开锅盖喷出来，然后地下冷水又注入炉中，等锅炉烧了一段时间，水开了之后，再次冲出来。如此循环，便呈现出这种奇异的地热现象。

西藏的地热资源，其数量之丰富，类型之复杂，热活动之强烈，是我国其他省、区所无法比拟的。开发地热，利用地热，让地热为人类造福，正在逐渐被人们所重视。羊八井地热田，就是我国大陆上开发的第一个湿蒸气田。

羊八井位于拉萨西北约90公里的山谷盆地中，盆地两侧是海拔五六千米的高山，山面终年积雪，银装素裹，雪山环抱的羊八井，却整日笼罩在热气腾腾的烟雾之中，袅袅升起的气柱，飘逸不绝，引人注目，不时呼啸的井喷，股股灼人的热浪，使这冰天雪地充满温暖热烈的气氛。

山东青岛崂山泉

崂山，耸立在青岛市东北的黄海之滨，自古就是我国的名山之一。崂山方圆380余平方公里，尽是奇岩怪洞、云气岚光，主峰顶巍峨挺拔，高1133米，登顶举目四望，惟见云游浪卷，水天一色，分外壮观。山上飞瀑流泉，山下大海扬波，山色与苍海相映，松涛与海潮交鸣。所以有人将崂山誉为神仙之宅。

崂山多泉，清澈甘冽；矿泉美水，中外驰名。太清官三清殿前的神水泉，一泓碧水，筑池而蓄，雨来不溢，旱时不竭，水位稳定，清澈晶莹。翠屏岩上的天液泉，相传是天上神仙送到人间的玉液琼浆。用此水泡茶，闻着香，饮着甜，茶后心旷神怡。

其实崂山泉水并非神龙和仙家所赐，而是大自然"酿造"的玉浆。据地质学家的考察研究，崂山生于距今7000万年前和北京附近的燕山同时经受频繁的构造活动，伴随强烈的岩浆活动（地质学家命名为"燕山运动"）。千万年来，在内外地质营力作用下，使组成崂山的花岗岩体的断裂纵横交错，节理发育，为大气降水渗入地下花岗岩成地下水，创造有利条件。地下水沿断裂隙、节理流动时，不仅溶解入了钾、钠、钙、镁等对人体有益的矿物质，还溶入了花岗岩体生成时，在高温下分离出来的、存身于岩石裂隙中的大量二氧化碳。崂山泉口中的二氧化碳含量高达2300毫克／升，比一般泉水的含量高几十倍。水中二氧化碳含量达到每升250毫克时，即属于矿水；当含量达到每升750毫克时，方可称为碳酸水。当二氧化碳含量大的地下水出露地表时，由于压力变小或温度升高，二氧化碳又会从水中逸出，形成呼呼冒泡的汽水泉。

崂山泉水像人工汽水一样呼呼冒汽，喝到口中，清凉麻辣，醇美之感赛过汽水，难怪人们称崂山泉水为天然汽水。

崂山矿泉水不仅是上好的清凉饮料，而且是医疗佳品。长期饮用，对肠胃病、糖尿病、高血压、气管炎均有疗效。崂山矿泉水中还含有适量的氟，饮用此水还有防龋齿作用。

　　崂山矿泉水晶莹碧透，味道醇厚，用以泡茶，清香可口；用以酿酒，香味四溢。获国家金质奖的青岛啤酒，就是用崂山矿泉水等原料酿制而成的。而用崂山矿泉水酿制的青岛葡萄酒更是独具一格，颇有名气，得到好评。

云南大理蝴蝶泉

　　云南大理蝴蝶泉，是有名的游览胜地之一，风光秀丽，泉水清澈，独具天下罕见的奇观——蝴蝶会。而蝴蝶泉这一奇异的景观更是闻名遐迩，驰名中外。

　　蝴蝶泉，坐落在大理点苍山云弄峰下。它像一颗透明的宝石，镶嵌在绿荫之中，一座古色古香的石牌坊上书"蝴蝶泉"三个大字，乃郭沫若游大理时留下的墨迹。

　　蝴蝶泉池二三丈见方，四周用透亮的大理石砌成护栏。泉水清澈见底，一串串银色水泡，自砂石中徐徐涌出，汩汩冒出水面，泛起片片水花。这泉水得苍山化雪之功，不仅水量稳定，水质也十分优良。

　　每年农历三四月间，云弄峰上各种奇花异草竞相开放，泉边的合欢树散发出一种淡雅的清香，诱使成千上万的蝴蝶前来聚会。它们或翩舞于色彩斑斓的山花、杜鹃等花草间，或嬉戏于花枝招展的游人头顶。更有那数不清的彩蝶，从合欢树上，一只只倒挂下来，连须钩足，结成长串，一直垂到水面，阳光之下，五彩焕然，壮观奇丽。若遇天气晴和，更是盛况空前，不仅蝴蝶多得惊人，而且品种繁多，汇成了蝴蝶的世界。

　　蝴蝶泉的成因，与这一带的环境条件有关。该泉西靠苍山，东临洱海。苍山巍峨挺拔，耸立如屏，山顶积雪，经夏晶莹。云聚生雨，降水丰富，植物繁茂。洱海总面积约240平方公里，风光旖旎，花枝不断，四时如春。苍山和洱海不仅为人类提供了银苍玉洱的观赏美景，而且构成了蝴蝶等昆虫大量繁殖与生长的自然环境。蝴蝶泉处于洱海大断裂的北东盘，该盘在地下水溶蚀作用下，形成了众多的落水洞和溶洞，受大气降水和地表水补给，形成了岩溶含水层。该含水层中的地下水，沿溶蚀管道流动，在与冲、洪积物接触部位，受细粒松散物阻截，溢出地表后形成蝴蝶泉。该泉涌水量在18.77升／秒上下，泉水的矿化度小于0.5克／升，属重碳酸钙、镁型水，无臭、无味，水质淡美，泉好水美再加上泉边的那棵合欢树，蝴蝶自然乐意光临。由此可知，蝴蝶会到泉边相聚，是自然环境优美所造就的。

甘肃敦煌月牙泉

地处祖国大西北的甘肃省敦煌，不仅拥有举世闻名的莫高窟壁画艺术，还有一处奇异的沙山与美妙的泉水共存的美景，这就是著名的鸣沙山和月牙泉。

鸣沙山位于敦煌县城以南，沙峰起伏，脊如刀刃，人登沙山顶巅下滑，沙砾随人体附落发声，似丝竹管弦乐曲；风绕山吹来，沙山轰鸣作响，如金鼓，似雷声；游人至此，无不兴味盎然。"沙岭晴鸣"，为敦煌八景之一。

从鸣沙山北坡而下，到了山脚，眼前出现一弯"新月"，这就是月牙泉。月牙泉形状酷似月牙，泉水清冽甘美，始终澄澈如镜，池旁水草丛生，芦苇摇曳；蓝天黄沙，碧水绿树，清幽雅致，风景秀美。

据记载，月牙泉在后汉时期就有，千百年来流沙堆积，泉水从未涸竭，实为自然界一大奇观。

自然界的水泉多若繁星，然而沙山与美泉共存的情形是不多见的。在沙山包围之中之所以会出现月牙泉，是因为疏勒河水从地下渗流到此地，在良好的隔水层上，形成了丰富的含水层。在这种情况下，含水层一旦出现裂缝，水就会由于压力的作用向上涌，这就是裂隙泉。而鸣沙山脚下正有这样的一道裂隙，于是地下水涌出，形成今天美丽的月牙泉。

其他地区的沙漠中也曾有类似的泉，但是那些泉或是因没有良好的隔水层而下渗了，或是被沙埋了。然而月牙泉历经几千年却沙填不满。

那么月牙泉为什么没被沙埋呢？仔细观察这里的地形，不难发现，月牙泉北、西、南三面皆山，只有东面是风口。当风从江面吹来时，受到高大的沙山阻挡，气流只能在山中旋转上升，把山下的细沙带到了山顶，并与山外吹来的风平衡，使得山顶的沙不可能被风吹到山下，失却了形成流沙的条件。所以，月牙泉能历经几千年而未被沙埋没，形成了沙与泉共存这一奇观。

月牙泉泉岸弯度饱满，泉水透明碧绿。人们把月牙泉的朝晖暮色，鸣沙山的流沙轰响和莫高窟的壁画艺术合称为"敦煌三绝"。如今这些胜景强烈地吸引着中外游客，使这里成为沙漠之中一个奇特的风景名胜区。

河西走廊上的酒泉

酒泉市地处河西走廊的中段，南屏祁连山，是历代的边防重镇，兵家必争之地。

酒泉，古名肃州，是个富有诗意，充满神奇传说的地方，多年来，一直为人们所神往。传说，当时霍去病率兵打败匈奴后，就驻扎在现在酒泉城东的泉湖公园一带，这里当时有一眼旺盛的泉水，古称金泉。汉武帝为了表彰他的战功，曾从长安赐来御酒10瓶，将赏有功的将士，霍去病有20万将士，这10瓶御酒怎么分呢？思前想后，他就把御酒全部倒进金泉中，当即泉水化为美酒，取之不尽。从此，"酒泉"便出了名。

酒泉在市东关酒泉公园内，大石碑刻着"西汉酒泉胜迹"几个遒劲的大字。石碑背后便是一眼清泉。这就是传说霍去病倒酒的地古金泉。如今泉边砌起了水磨石的加深形围栏，汩汩的泉水清澈见底，潭中五颜六色的鹅卵石熠熠闪光，泉眼里"咕嘟，咕嘟"冒出的大水泡，如同一串串珍珠。

酒泉每昼夜涌水量约500立方米。泉水矿化度仅为0.2克/升，属重碳酸盐型泉水。水温在10~30摄氏度之间，冬季不冰，夏季清凉，宜于饮用，是干旱地区十分难得的优质生活用水和工农业供水水源。在降水稀少，非灌不植的河西走廊，此处美泉秀水是怎样形成的呢？

原来河西走廊是祁连山和北山、合黎山、龙首山之间的狭长平原。尽管河西走廊干旱少雨，但祁连山区，却有丰富的降水。四周高山则终年积雪，每到夏季千峰消融，万壑争流。在酒泉地区，冰雪融水同祁连山的大气降水汇成北大河、洪水河等内陆河流，下注走廊。当河流自山口进入山前洪积冲积层后，约有20%的河水垂直下渗，形成孔隙潜水层，当地下水随着地势向外流动时，地面坡度变缓，透水性逐渐变差，地下水流速越来越小，水位抬高，在上游的水压力作用下涌出地表，形成许多泉眼，出露在冲、洪积扇的边缘。酒泉位于祁连山冲洪积扇前缘，恰踞地下水的溢出带，所以形成泉眼。根据酒泉的出露条件，应将它称为溢出泉。

由于酒泉一带地下溢出，有灌溉之便，所以早在新石器时代，这里已是先民们的生存繁衍之地。酒泉古城已有1600多年的历史，曾是中国古代"丝绸之路"上的重要城邑。

广西西山上的"乳泉"

　　号称"乳泉摇篮"的广西桂平县西山是国家级的风景名胜区，是一座东低西高的浑圆状中生代花岗岩山体，其海拔678.6米，为广西中部龙山山脉的一部分。尽管绝对高度一般，但与东部海拔仅35米的浔江平原相比，俨然是横亘于桂平县城西的一道巍峨天障。从桂平县远眺，山中有山，气势磅礴。

　　乳泉出露于西山山腰的龙华寺左侧。一棵根须裸露的大树盘根错节在一块花岗岩巨石之上，碗口粗细的赭红色树根顽强伸入地下，巨石之下便是乳泉。泉池深、阔近1米。半池碧液，清澈见底，冬不枯，夏不溢，水量稳定。

　　桂平乳泉的白色并不是所含矿物质成分造成的，而是交融于水中的极细小气泡与地下水一起出露于地表时所呈现的视感。据化验证实，构成乳汁气泡的气体——氡。然而氡又是如何进入泉水里呢？

　　原来孕育乳泉的桂平西山，由庞大而坚硬的花岗岩体构成，花岗岩裂隙发育，纵横交错，相互连通，有利于大气降水的渗入与流动，形成裂隙含水层。桂平县年降雨量高达1780毫米，四季湿润，保证了乳泉有源源不断的补给水源。花岗岩体又是富含放射性元素的铀岩石，铀经过一系列衰变，可产生无色、无臭、无味的惰性气体氡。生成的氡气一部分溶于水中，一部分存身于裂隙壁上，当条件适宜时，裂隙壁上的氡进入流动的地下水，形成汽水混合物泄出，使泉水跳珠走沫，呈现出"色白如乳"的汁液。但由于受岩石裂隙系统制约生成的氡数量有限，不能连续不断地进入地下水中，所以喷汁过程历时较短，一般仅几分钟。

　　乳泉水含有少量的钾、钠、钙和较多的天然氧，喝起来清淡爽口，略有甜味，对人体消化机能有一定调节作用。被誉为"广西茅台"的乳泉酒就是用它酿制的，无色味醇，驰名中外。而用乳泉水泡饮西山茶，则特别清香可口，被赞为一绝。

◎ 奇泉拾趣 ◎

　　"无孔不出"的泉水，在与各种水文地质的"交流"和融合中，创造出自然造化的无比奇趣，那是泉水与大自然的合唱和交响曲……

能预报天气的潮水泉

潮水泉就像大海的潮汐，来去有时，非常有趣，所以又称报时泉，水文地质学上称为间歇泉。

湖南省花恒县民乐镇苗寨里有一口一日三潮的神奇泉，一年365天，每天都在清晨，中午和傍晚，一股有力的水柱从泉眼中冲天而起，响声如雷贯耳，颇为壮观。持续时间长达50～80分钟，过后水柱才慢慢地平息下来，复变为涓涓细流。

更为奇异的是，此泉还能准确地为当地人民预报天气，如果每天按此规律三次涨潮，则说明天气变化相对稳定，突然提前涨潮的话，那就预示必然会有比较长的晴天或干旱。如果涨潮时间突然推迟，或一天数潮，持续的时间短，那么肯定过不了几天，必定是大雨甚至暴雨；所以当地人又把这个潮水泉称为"气象泉"。

据实地考察研究，出现潮水泉的地区都由石灰岩组成，石灰岩不断受到地下和地表水的溶蚀，在内部和表面便溶成了地下溶洞和地表沟，当洞和沟一起并居于较高地势时，有利于地面的大气降水或地表水渗入形成地下水，补给地下溶洞，洞好像一个储水盆作临地储水存在；还有一条能产生虹吸现象的蜿蜒道存在，一头连接地下储水洞，另一头流到储水洞室之外、高程较低的地表泉口。当地下溶洞由上部地表水渗进来的水积满到满水位时，经诱发而产生虹吸作用，水通过蜿蜒管道的弯曲顶端向外流时，潮水泉的泉口便出现涨潮开始喷水。

汇入地下储水洞的水量小于排出水量，使洞内水位不断下降，当降低到虹吸管进水口以下时，虹吸作用消失，泉水涌水戛然而止，就产生落潮。此后，储水洞室内的水位又慢慢升高，孕育着新的一次涨潮。如此循环不已，泉水便出现了涨落现象。

至于潮水泉与天气变化的密切关系，也不难理解。因为天气的变化，与大气压力的变化密切相关。一般说来，高压控制多为晴好天气，低压控制多为坏天气，所以气压高时，自然对溶洞水面的压力也大些，能提前涨潮或持续时间长。反之，表示低压系统的天气到来，必然预兆风雨天气。所以潮水泉能预报天气，确属正常的自然现象。

"躲躲藏藏"的含羞泉

安徽巢县、无为县各有笑泉，游人默默而过，泉水澄清如常；游人喧哗而来，泉水涌沸翻滚，哗然如笑声，神奇动听！

四川广元县龙门山东北的陈家乡山中，也有一处怪泉，只要你往水面扔一块石头，产生响声振动后，泉水俨如一位含羞的姑娘，掉头就躲藏起来，人们给它取名叫含羞泉。

经水文地质工作者实地考察，上述笑泉、含羞泉的报道或古籍记载，有颇多失实之处。

这些涌水状况变化多端，时涌时干的泉，实质为多潮泉或不定时间歇泉。这种泉多发育在岩溶地区，泉水主要由一个大溶洞提供。这个溶洞的洞室和泉口由一条能产生虹吸现象的管道连通，此外还有若干非主要补给通道和溶洞。由于大洞室汇水量小于虹吸管道的排水能力，所以呈间歇状态供水给泉口。当喧哗、叫喊改变大溶洞水面的压力状况时，则泉流或涌或断。至于断流时泉口的水流缩回到溶洞去的现象，可能由于洞内还有一处比泉口低的隐蔽排泄口。当大溶洞的虹吸管道处于供水阶段时，隐蔽排泄口和泉口同时排水，泉口涌流；当大溶洞一旦停止供水，泉口就断流。而隐蔽排泄口尚能继续泄流，而且排大于补，致使内水位低于含羞泉口，于是便出现了泉外少量泉水又缩回到洞内的奇异现象。

经水文地质学家考察研究证明：时而涌水，时而干涸的泉水，像含羞泉一样与声响和震动无关，含羞泉和喊泉的差别在于含羞泉因反复断流而得名。其本质都是属于水文地质学中的间歇泉，只是前一类天天按时涨落，而后一种则不遵守时间，调皮一点罢了。

盐泉的盐从哪里来

盐泉坐落在四川东部与湖北毗邻的巫溪县境内，大宁河西岸的宁厂镇猎神庙前。早在东汉时期，盐泉就已被开发利用了。当时除了用铁锅煎盐，还在大宁河龙门峡西岩的峭壁上，修建了一条长百余公里的栈道，人们用楠竹相接铺成管道，将盐泉之水引到巫山县大昌镇去煮炼。

据传，明末李自成领导的农民起义军，曾把大宁河中游的大昌镇作为根据地，起义军一面打击明朝官兵，一面引泉煎盐，以供军需。到了清代，宁厂镇以泉煎盐生产已具相当的规模了。乾隆年间，即公元1736年～1795年，当地已报灶336座，煎锅1081口，号称万灶盐烟。其生产和贸易盛况空前。

解放后，在宁厂镇建立了巫溪盐厂，该盐厂的原料，就是盐泉之泉水，煮泉成盐，所产泉盐畅销川东、鄂西各地。

泉水为什么能煎出盐来？

原来这是因为地下水在活动过程中，遇到了含有大量氯化钠的岩层，氯化钠被地下水溶解后，就变成了含盐度很高的盐泉。其浓度往往高于海水，水味极咸。这些盐水通过岩石裂隙或断层涌出地表，就形成了奇异的"盐泉"。

由于猎神庙盐泉具备了以上的水文地质条件，所以巫溪盐厂用盐泉水就能煎出洁白如雪的食盐来。

泉口喷鱼的鱼泉

喷鱼泉位于河北省涞水县境内的国家级风景名胜区——野三坡，其中心区有一眼"鱼骨洞泉"，系永久性独眼巨泉，泉水从山石窟中流出，喷泉口直径约30多厘米，水质极为清澈，自然流量为0.3立方米／秒以上。

每年谷雨前后，从泉口会随水喷出活蹦乱跳的鲜鱼，数量不少，每年达2000斤左右，甚为可观。这种鱼如候鸟一样，年年按时流出，9月鱼又复归山洞越冬，成为京畿鱼泉奇观，又堪称河北"八大怪泉"之一。

据报道：从泉里飞出来的"丙穴鱼"，不只限于河北涞水县，在四川、湖南、湖北等地都有不少"泉涌鱼飞"的鱼泉奇观。如江西武宁县宋溪乡山口村有一泉水洞，高1.5米，宽2米，人弯腰可入内。10多米后洞口渐小，从洞内流出一股清泉，四季不竭，有趣的是，每年五六月间，有成群的鱼随泉水涌出，出洞后结伴嬉戏，游一段路程后鱼群就不再往下游了。然后掉头逆水而上，返回洞中。

虾泉之虾河中来

广西壮族自治区首府南宁市西北右江北岸的平果县城西虾山脚下，有一泉口，泉水清澈明净，注入右江。

每年农历三四月夜深人静之时，密密层层的虾群云集在右江水和泉水汇合处以上的浅水洼里，争先恐后地逆水奋进。被泉水冲下来的，一次不成，又二次三次拼力冲锋，那种勇往直前的精神，真叫人叹为观止。待它们冲上泉口后，便以胜利者的姿态，悠哉悠哉地入泉水深处，从此便不知何时再出泉了。

这里虾的奇特性是江里生泉里养，右江是其老家，虾泉则是它们的别墅。三四月的深夜，如在泉口按上一个虾笼，坐在泉边守笼待虾，经过二三个小时，便可获十几千克虾。其实夏秋季节本来也有虾，因泉口被上涨的江水淹没，虾笼无用武之地。

能蒸馒头的"发酵泉"

四川省丹巴县境内边尔村附近有一个名闻遐迩的"神泉"，它出露于边尔河北侧的溪沟沟底。附近居民经常来这里取水，和面烙饼，蒸馒头，既不用发酵，也不必用碱中和，做出来的馒头松软可口，与通常的馒头毫无两样。

通过现场调查和观察，原来"神泉"从泥盆纪地层的一条小断层中涌出，水温17摄氏度，涌水量为0.05升／秒。泉水溢出时，伴随串串气泡逸出。水无色而透明，无悬浮物和令人嫌恶之物，品尝其味颇似汽水，初步认为是碳酸泉。如将泉水注入瓶内仔细观察，亦足见有密集的微小气泡自水中不断地释放出来。无疑，水中溶解有大量气体。

据水质分析结果，侵蚀性二氧化碳含量为224.55毫克／升，游离性二氧化碳为348.03毫克／升，水质类型属碳酸氢钠型水。初步判断，二氧化碳是深部岩石在高温下的变质的产物，又处于高压环境，故二氧化碳大量溶于水中。不言而喻，泉水所以能用于发面蒸馒头，完全是溶于水的大量二氧化碳等气体受热膨胀的结果。

海底喷泉和无底洞

泉水是地下水涌出地面而形成的。奇怪的是在海边，甚至在海底也有泉眼，泉水从那里喷涌出来。

前苏联的一艘考察船在离甘吉亚蒂村不远的黑海海面上发现一个海泉——甘吉亚蒂海泉，它每秒涌出约300公升淡水，很高的水压使泉水冲破海水层直达海面。泉水在蓝色的海面上翻腾，犹如开锅的水那样。考察队员用芦苇秆插进泛着白色泡沫的水里吮吸，喝到了一股凉爽而清甜的泉水。

类似这种巨大的海泉虽然不多，但是在世界各个海洋都能看到一些。在波斯湾的巴林群岛，人们自古以来就一直驾船到海上，在翻腾着的海面，用掏通了竹竿从海底收集淡水。

古巴南部沿海的石岛和暗礁间，海面上也常常出现一汪汪翻滚上涌的水，水带甜味。经地质和水文队考察，发现古巴岛上有不少地方的河流会突然消失不见，变成了地下暗流，一直流到沿海地层下，然后从海底冒出，成为海底喷泉。

美国佛罗里达半岛以东不远的大西洋里，却有一小片海水是淡水，直径有30米。有趣的是，这小片海水的颜色、温度和波浪，都跟周围的海水不同。

很早以前，人们就注意到这种现象了，过往船只也常常到这里来补充淡水。可是人们却不知道这里的海水为什么是淡的。后来，这个谜被揭开了。原来，这里的海底是个小盆地，深约40米，中间有个喷泉，日夜不停地喷出一股股强大的淡水，在水流的影响下，从泉眼斜着升到海面。这个海底喷泉是地下自流水的一部分，每秒喷出的泉水有4立方米，比陆上最大喷泉的喷水量要大得多。因为泉水上升，水流保持原来的样子，而且同周围的海水隔绝开来，变成一个纯粹的淡水区域。

飞瀑涌泉

在亚得里亚海和爱奥尼亚海，除了海底喷泉外，还有一种同喷泉完全相反的情景出现："海磨坊"。海面上发生强大的漩涡，大量海水朝着海底涌去，仿佛有个无底洞穴在猛烈地抽吸着。

希腊阿哥斯托利昂城附近海面上，就有两个奇怪的海漩涡，每秒钟约有6.7立方米的水被吸向海底，被称为"海磨坊"。

科学家发现，海漩涡往往同海底喷泉有关系。在石灰岩的海岸区，地下岩层被水流侵蚀成许多洞穴，地下暗流往往从高处流到海底，而暗流也比海面高得多，因此压力很大，地下水终于冲破海水的阻碍，从海面喷出来。正因为地下暗流很急，强大的水压力往往把附近岩洞里的水吸出来。如果这些岩洞跟海水相连，海水就向这些"无底洞穴"涌进去，这就产生了海漩涡。

爱尔兰岛的海边有个大自然中更加罕见的喷泉，这里有块岩石，名叫"麦克斯威尼大炮"，顶上有个25厘米的孔眼，直通海底。每当海潮上涨，海水被压进岩穴，发出隆隆吼声，并喷射出一股高约30多米的水流，宛如大炮在发射。

奇泉种种

我国幅员辽阔，自然条件复杂，不仅有众多的温泉，还有各种各样的奇水怪泉，真可谓珠涌泉喷，妙趣横生。

冰泉：陕西南田有一口井泉，深数丈，水落进至井底立刻成冰，伏天也是如此。

甘苦泉：河南焦作太行山南麓，有一对并列的泉眼，间距很短，但流出的泉水味道却一苦一甜，迥然不同。

鸳鸯泉：湖南湘西洞口县桐山乡有一对并列泉，相距不到3米，一侧为40摄氏度热水温泉，另一侧却为不到20摄氏度冷泉，当地称为鸳鸯泉。

香水泉：河南睢县城南有一地下流泉，泉水不仅清洌甘美，还带有槐花香味，馥郁醇厚，人称槐香水。早在北宋年间就被用来酿酒，被酒家赞为天然琼液。

报震泉：新疆腾格里沙漠深处有一口鸣泉，每当发震前夕，就会发出声似短笛的鸣叫声，几里之外都能听到。

鸣弦泉：安徽黄山有一个能发出响声的奇泉——鸣弦泉。由于泉水穿过中空的岩石，水石相击而发出清亮悦耳的声音，白色飞泉似白练拂岩而泻，宛如美妙动听的琴瑟之音，那是大自然在歌唱。

喊泉：安徽寿县有个怪泉，人对泉喊叫，就有泉水涌出。大喊泉水大涌，小喊小涌，不喊不涌。

双味泉：江西于都紫阳观有一井，逢单日水酸，逢双日水甜，一年四季皆如是。

双泉井：四川长宁一眼井有两道水脉，味道一淡一酸，堵住一脉，另一脉就不流水了。

喜客泉：贵州平坝县有珍珠泉，游人对泉鼓掌，泉水就冒出气泡；在左边鼓掌，左边冒出气泡，在右边鼓掌，右边冒泡，好像在欢迎参观的客人。

礼让泉：安徽省安庆市市郊，有一怪泉，抢着汲水时泉水不流，按顺序汲水时，泉水会不断地流出。

含羞泉：四川广元县龙门山上有一奇泉，把一块小石头往泉里一扔，泉水受到回声与波震的影响会倒流，过一会儿又重新冒出。

桃花泉：浙江余姚县有一泉，春天时有桃花片片随水流出，遂以为名。

五温泉：海南省万宁县有一泉，5个泉眼相距9米左右，但水温各不相同，高的达80摄氏度，低的则为40摄氏度。

喷乳泉：广西桂平县西南麓有个喷乳泉，每天早、晚9点钟左右，泉水如鲜乳一样，莹白夺目，随后又渐渐地清澈透明。

水火泉：台湾省台南县境内有一怪泉，泉水温度高达75摄氏度，泉水既咸又苦，只要划根火柴伸到水面上，顿时会烟火腾空。

毒气泉：该泉在云南腾冲县城45公里处，泉井无水，却可见到硫磺结晶、黄铁矿砂等物质，并经常发出二氧化碳、二氧化硫和氮等有毒气体。

参考书目

《科学家谈二十一世纪》，上海少年儿童出版社，1959年版。

《论地震》，地质出版社，1977年版。

《地球的故事》，上海教育出版社，1982年版。

《博物记趣》，学林出版社，1985年版。

《植物之谜》，文汇出版社，1988年版。

《气候探奇》，上海教育出版社，1989年版。

《亚洲腹地探险11年》，新疆人民出版社，1992年版。

《中国名湖》，文汇出版社，1993年版。

《大自然情思》，海峡文艺出版社，1994年版。

《自然美景随笔》，湖北人民出版社，1994年版。

《世界名水》，长春出版社，1995年版。

《名家笔下的草木虫鱼》，中国国际广播出版社，1995年版。

《名家笔下的风花雪月》，中国国际广播出版社，1995年版。

《中国的自然保护区》，商务印书馆，1995年版。

《沙埋和阗废墟记》，新疆美术摄影出版社，1994年版。

《SOS——地球在呼喊》，中国华侨出版社，1995年版。

《中国的海洋》，商务印书馆，1995年版。

《动物趣话》，东方出版中心，1996年版。

《生态智慧论》，中国社会科学出版社，1996年版。

《万物和谐地球村》，上海科学普及出版社，1996年版。

《濒临失衡的地球》，中央编译出版社，1997年版。

《环境的思想》，中央编译出版社，1997年版。

《绿色经典文库》，吉林人民出版社，1997年版。

《诊断地球》，花城出版社，1997年版。

《罗布泊探秘》，新疆人民出版社，1997年版。

《生态与农业》，浙江教育出版社，1997年版。

《地球的昨天》，海燕出版社，1997年版。

《未来的生存空间》，上海三联书店，1998年版。

《宇宙波澜》，三联书店，1998年版。

《剑桥文丛》，江苏人民出版社，1998年版。

《穿过地平线》，百花文艺出版社，1998年版。

《看风云舒卷》，百花文艺出版社，1998年版。

《达尔文环球旅行记》，黑龙江人民出版社，1998年版。